卡伦·霍妮

朱文东 ✹ 编译

中国纺织出版社有限公司

内 容 提 要

卡伦·霍妮是德裔美国心理学家和精神病学家，新弗洛伊德学派代表人物，文化心理学先驱，主张以文化决定论取代生物决定论。她是20世纪最伟大的女心理学家之一，女性心理学的开拓者，她的理论对后来的心理学和社会学研究产生了深远影响。

本书以图解的形式，结合卡伦·霍妮的成长经历、情感历程、职业生涯以及思想观点等方面，带领我们深入了解心理学家卡伦·霍妮，并引导我们运用她的心理学理论理解和解决内心的冲突，促进心理健康，实现个人成长。

图书在版编目（CIP）数据

图解卡伦·霍妮心理学 / 朱文东编译. -- 北京：中国纺织出版社有限公司，2025.4. -- ISBN 978-7-5229-1876-1

I. B84-64

中国国家版本馆CIP数据核字第2024TV5470号

责任编辑：柳华君　　责任校对：高　涵　　责任印制：储志伟

中国纺织出版社有限公司出版发行
地址：北京市朝阳区百子湾东里A407号楼　邮政编码：100124
销售电话：010—67004422　传真：010—87155801
http://www.c-textilep.com
中国纺织出版社天猫旗舰店
官方微博 http://weibo.com/2119887771
天津千鹤文化传播有限公司印刷　各地新华书店经销
2025年4月第1版第1次印刷
开本：880×1230　1/32　印张：10
字数：108千字　定价：49.80元

凡购本书，如有缺页、倒页、脱页，由本社图书营销中心调换

序言

你是否听说过"神经症人格"？你知道人格是如何形成的吗？在面对冲突时你应该如何处理呢？……

要了解这些问题的答案，我们需要学习一些专业的心理学知识，尤其是要了解卡伦·霍妮。

卡伦·霍妮（Karen Horney），1885年9月16日出生，1952年12月4日去世，是20世纪中叶心理学领域的杰出学者，也是新弗洛伊德主义的代表人物。她出生并成长于德国，在柏林大学获得医学博士学位。在求学期间，她便开始接触精神分析的训练，并最终成为于1920年建立的柏林精神分析研究所创始人之一。1932年，她前往美国，并在芝加哥精神分析学院任副院长。

霍妮是一位杰出的女性心理学家和精神病学家，早期接受过正统的精神分析训练，并深受弗洛伊德理论的影响。然而，随着她对精神分析的研究不断深入，霍妮逐渐在女性心理和本能理论等关键问题上与弗洛伊德产生了分歧，最终形成了自己独特的理论体系。

首先，霍妮反对弗洛伊德过度强调生物决定论的观点，更加重视文化和社会对个人心理的影响。她在精神分析发展史上具有划时代的意义。

其次，霍妮认为，神经症患者面临的冲突通常源自童年时期因外界敌意而产生的基本焦虑。这种焦虑放大了他们的无助感、敌对感和孤立感，导致他们无法自如地应对外界和他人。因此，神经症实际上是人际关系紊乱的一种表现。

再者，面对冲突，人们发展出了不同的人格类型（如顺从型、攻击型、独立型等）。霍妮还观察到，患者通过想象在内心构建了一个理想化的自我形象，以此来消弭冲突。例如，一位男性可能幻想自己既是所有人心中的白马王子，又是为人敬仰的英雄，还是能洞察世事的智者。这种理想化意象在当代社会中，成为越来越多人应对焦虑的方法。

本书以图解的形式，运用通俗易懂、简约平实的语言，对卡伦·霍妮的生平以及心理学思想进行了精心梳理，呈现了她在心理学领域的贡献，引导我们运用全新的思考方式应对人生中的焦虑与困惑。如果你也总是陷入消极思想不能自拔、对未来感到迷茫、对当下感到焦虑等，那么认真阅读本书，你一定会受到启发。

朱文东

2024 年 7 月

目录

第一章　没法变漂亮，可以变聪明——
　　　　卡伦·霍妮的传奇人生 … 001

第二章　在不断自省与探究中获得成长——
　　　　卡伦·霍妮的学术理论 … 017

第三章　神经症的文化和心理内涵 … 037

第四章　为什么要谈论"我们时代的神经症人格" … 053

第五章　焦虑 … 065

第六章　焦虑与敌意 … 085

第七章　神经症的基本结构 … 103

第八章　对爱的病态需要 … 125

第九章　再论对爱的病态需要 … 139

第十章　获得爱的方式和对冷落的敏感 … 159

第十一章　在爱的病态需要中，性欲产生的作用 … 173

第十二章　追求权力、声望和财富 … 187

第十三章　病态竞争 … 213

第十四章　逃避竞争 … 233

第十五章　病态的犯罪感 … 257

第十六章　神经症受苦的意义——受虐狂问题 … 285

第十七章　文化与神经症 … 305

第一章

没法变漂亮,可以变聪明——卡伦·霍妮的传奇人生

对抗父权的童年时期

卡伦·霍妮出生于德国汉堡西部的布兰肯内兹的郊区,这是个富有南欧特色河岸风光的地方,她的童年过得并不快乐。她的父亲是挪威人,是一位赫赫有名的远洋船船长,他笃信宗教,性格沉默寡言,独裁专制,此前有过一段婚姻,并有四个已成年的孩子;她的母亲是荷兰、德国混血,其父是一名建筑师。

霍妮的母亲性格活泼开朗,比霍妮的父亲小了 17 岁。除了霍妮外,他们还育有一子,比霍妮大 4 岁,这桩婚姻不仅没有爱情的基础,在社会地位、年龄和思想观念上都不匹配。霍妮很小时,母亲就毫不避讳地告诉她,之所以嫁给她的父亲,并不是因为爱情,而是因为她害怕变成"嫁不出去的老女人",于是赶紧结婚了。

有句话说得好:父母在的地方就是家所在的地方。然而对于霍妮来说,家永远只有一半。按照弗洛伊德的观点,女孩都有恋父情结和仇母情结。霍妮也不例外,一开始的她渴望父亲的爱,而对母亲有敌意。然而随着时间的推移,她很快发现父亲不是一棵可以依靠的大树,而是一个专制、独裁且无法给予爱的对象。她的父亲瓦克尔斯·丹尼尔逊是一个船长,常年出海在外,即使偶尔在家住,也把他全部的爱都放在年轻美丽的妻子身上,对他的孩子们漠不关心。在霍妮十几岁时的日记里,她说父亲只有在宗教信仰的问题上才会对她"关怀"备至、严格要求。他是个过分虔诚的天主教徒,不仅坚持每天做冗长而无趣的祈祷,用各种保守、刻板的教条约束一家人的行动,更是强硬地要求孩子们都要遵奉他的信仰。在年幼的霍妮心里,父亲有着恶劣的印象,她曾写道,父亲是个"虚伪、自私、粗鲁而没有教养"的人,因为他的存在,全家人都感到压抑。

只要父亲在家,家中的氛围就是紧张严肃的,因为霍妮的父亲并不喜欢她,甚至看不起她,认为她长相丑陋、头脑愚笨。年幼的霍妮很受打击,在和父母的相处中,一开始她极力讨好父母,希望能被父母喜欢和认可,但即便她听话、乖巧,也并没有换来想要的回报。这让这个9岁的女孩开始变得早熟,她变得想法很多,并且很叛逆,她经常和自己的母亲以及哥哥一起"对抗父亲",同时,才9岁的霍妮就确定了自己的人生观:"如果我没法变漂亮了,那么我可以变得很聪明。"而正是因为有这样的"觉悟",霍妮日后才不断自我觉醒,进而在心理学领域获得重大成就。

当然，霍妮很漂亮，只是她不自知，自己认为自己很丑，并不断被自己并不存在的缺陷困扰。

与此同时，霍妮还迷恋上了自己的哥哥，而她的哥哥十几岁了，开始有了性别意识，对霍妮的关爱比从前少了很多，尽管妹妹很黏自己，但他还是将其无情地推开。哥哥的举动再次让霍妮感到自己被拒绝，这导致她第一次陷入抑郁状态，并被这个问题困扰了一生。

不断修正和自省的求学生涯

在霍妮12岁的时候，她生了一场病，这让她立志成为一名医生，与此同时，她也对医学产生了浓厚的兴趣。

1901年，霍妮在母亲的支持下进入高中学习，在当时，女权运动已经悄悄兴起，很多女性也开始走出家庭，进入社会工作，但医学界却例外。很多古板的人认为女性不应该从事医学工作，其中就有霍妮的父亲，而母亲是支持霍妮学医的，母亲与父亲常常因为此事吵架，家庭关系也出现裂痕，在长达几年的分歧与矛盾后，霍妮的父母于1904年离婚。因为女儿的教育问题而离婚，在当时也是颇为少见的。

从霍妮的求学和职业生涯中，我们可以看到，她一直选择的都是积极的人生态度。这样的人生态度造就了霍妮，使她成为女性心理学的开拓者，成为一位伟大的精神分析学家。

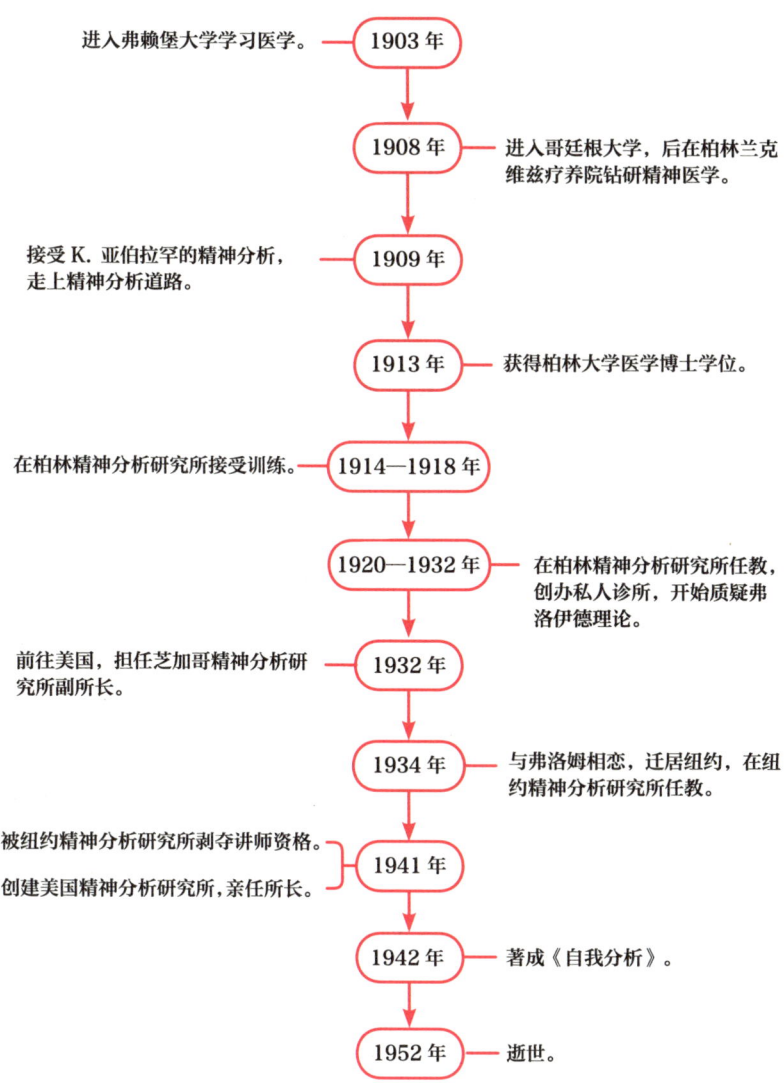

纠结矛盾的情感之路

幼时的霍妮认为自己长相不佳，但成年后的霍妮却一直深受周围异性喜欢，就连《爱与意志》的作者——心理学大师罗洛·梅都对霍妮的魅力不得不服气："她从未刻意卖弄风情，但魅力就散发出来。"正因如此，霍妮身边一直有男性表达爱慕之情。

霍妮的情感之路要从她的17岁说起。在17岁之前，霍妮认为婚前性行为是一种罪，但她后来与伴侣发生了性行为，这让她改变了想法。18岁的那年冬天，霍妮迎接了自己的第一场爱情，一个叫恩斯特的男生跟霍妮一同品尝了禁果，后来二人分手。

19岁那年的春天，霍妮迎接了自己的第二场爱情，一个叫罗切夫的男生闯入了她的生活。然而由于两人长期异地恋，霍妮在和罗切夫恋爱的同时，也开始尝试跟其他的男人约会。对此，她的论述是："完美的友谊并不意味着两个人不可以爱上第三者……"

在此期间，霍妮结识了同样名叫恩斯特的男人，她选择跟罗切夫坦白，并且提出和他们同时保持关系。但是罗切夫万万不能接受，于是他们便分道扬镳了。

后来，霍妮又跟身体强健的洛什同居了，洛什的肉体深深地吸引了霍妮，但是在精神上却满足不了霍妮。霍妮在跟洛什同居的同时找到了灵魂伴侣——奥斯卡。奥斯卡温文尔雅，学识渊博，也是霍妮喜欢的类型。霍妮经常跟奥斯卡通信聊天，他们感情也越来越深，并且步入了婚姻的殿堂。

但这段婚姻并没有成为霍妮的归宿，因为奥斯卡只满足了霍妮精神上的需求，却满足不了她肉体上的需求。

"即使在强迫我服从他的时候，他也从来不像野兽般野蛮、残酷。"这是霍妮对奥斯卡的描述。婚姻名存实亡，霍妮开启了婚外恋生活，奥斯卡也是。

最终霍妮选择了跟奥斯卡离婚，并且终生没有再婚，她带着孩子离开德国，搬到美国定居。

来到美国的霍妮，甚至还和自己的朋友、学生谈起了恋爱。一些年轻的刚进入诊所的医生，也没有"逃脱"霍妮的"收编"，年轻力壮的男生更讨霍妮喜欢。

当然，有文化学识的男性也受她青睐，其中就有弗洛姆。他是少有的能将哲学、心理学和社会学融合在一起的心理学大师，当然符合霍妮对于情人的要求，并且，弗洛姆也十分欣赏霍妮，于是二人水到渠成地在一起了。

但是后来因为弗洛姆在精神分析领域的地位越来越高，霍妮的地位被威胁，他们选择了分手。这场恋爱持续了十年，这导致分手后的霍妮十分伤心，随后写出了《自我分析》治疗心理问题。

从霍妮的情感经历中，我们看到了性混乱的迹象。事实上，在霍妮成年后，她的生活中情人就没有间断过，她要好的同伴都称她对男性成瘾，至少在与男性的关系中表现得很冲动。当然，这并没有对她的学术以及工作产生破坏，相反，这成了她灵感的来源。关于霍妮众多的性伴侣，霍妮的传记作者帕里斯说道："他们不是……霍妮生活中的主要焦点，她对男人的需要是难以抑制的，但全然不是为了享受。这没有干扰她的创造性工作，反而为她继续心理学的研究提供了燃料。"

霍妮的婚姻

霍妮在哥廷根大学期间邂逅了奥斯卡，两人在1909年结婚并育有三女。然而，霍妮与奥斯卡的婚姻并不美满，霍妮在1911年初有了第一次婚外情，而这才是开始。

到1912年初，奥斯卡已经不再在霍妮的生活中有任何重要作用了。她感到压力巨大，感到他们的感情在婚后逐渐消失，她需要在其他地方寻求满足。在婚后的两年中，霍妮和奥斯卡似乎达成了共识，二人都愿意保持一种开放的婚姻状态，也就是在婚姻关系存在期间再去寻找其他的性伴侣。在他们的三个孩子成长期间，他们一直保持着联系，小心翼翼地维持着婚姻，让孩子认为自己生活在幸福和谐的家庭中，然而，他们之间的关系在布丽奇特出生后的第一年就变了样。

霍妮的婚姻于1923年开始出现大的变故。大约就在那个时候，霍妮才40岁的哥哥因为肺炎去世了，之后不久，霍妮和全家出去度假，霍妮告诉大家自己要去游泳，但一个多小时没回来，她的家人去找她，发现她抓着一个木桩，正在思考是否要继续活下去，抑或结束自己的生命。家人苦苦哀求后，她才同意上岸。很明显，霍妮抑郁了，而这只是霍妮一生中经历的多次严重抑郁事件之一。大约也是在这段时间，奥斯卡的生活发生巨变，他所在的公司破产了，而他也投资失败，为此借贷了大量资金，在脑膜炎几乎致命的打击下，奥斯卡几近崩溃，与霍妮的共同生活变得越来越困难。1926年，霍妮和她的三个女儿搬入一个小公寓。1936年之前，在官方记录中霍妮尚没有离婚。1938年，他们才最终离婚。

和不幸的童年家庭生活一样，不幸的婚姻经历也对她的学术生涯和精神分析理论具有重要的影响，使她对女性内心与人生的洞察无比犀利和睿智。当然这一兴趣可能更多来自她对精神分析的倾心投入、高涨的研究热情以及敏锐的临床观察。

霍妮与弗洛姆的爱情

弗洛姆是20世纪极为著名的精神分析学家、社会心理学家、社会哲学家。1926年，他认识了霍妮。他们之间的关系从友情到恋情，持续了约12年之久。

霍妮大弗洛姆15岁，他们相识在柏林精神分析研究所。相识后，他们发现彼此有很多共通点，尤其是在对弗洛伊德思想的态度上。要知道，在20世纪20年代，弗洛伊德被奉为精神分析的掌门人,且在精神分析领域的地位不可撼动,想与弗洛伊德思想有所出入,不但需要巨大的勇气,更需要有强大的理论支撑。

不过,霍妮和弗洛姆却大胆表达自己对弗洛伊德的不认同:他们都不同意弗洛伊德认为的性驱力乃人之核心动力,他们认为文化也具有根本的塑造力量;霍妮猛批弗洛伊德关于女性羡慕男性是因为男性有阴茎而女性没有的观点,她认为这种羡慕乃是女性在男权社会缺乏自信,羡慕的是男性的力量和自由;弗洛姆则分析男性对女性有种隐隐的嫉妒不安,是因为女性具有创造和维持生命的力量;弗洛姆对母权社会颇有研究,他认为弗洛伊德思想反映的并非人类的普遍状况,更多的只是他所在的父权社会的体现……

从这一层面说,他们不只是爱人,更是战友。后来,霍妮被邀请到美国的芝加哥精神分析研究所担任副所长,在站稳脚跟后,她也将弗洛姆邀请到此做讲师。他们的感情在那之后突飞猛进。据说,也是在那之后,他们才有了实质性的关系。

在美国,弗洛姆通过霍妮认识了另外一些精神分析的巨匠,如沙利文(关系精神分析的开创者),他们开始形成一个新弗洛伊德学派的圈子,这成为弗洛姆的新家园。这个圈子是当年一个响当当的独立知识分子的圈子,他们其中还包括了如著名人类学家米德这样的人物,号称"文化人格学派"。

但是,在霍妮与弗洛姆漫长的关系中,二人从未步入婚姻。后来,随着弗洛姆专业地位的建立,霍妮和他的关系慢慢发生了微妙的变化,他们开始"争权夺利"。后来,霍妮从纽约精神分析协会辞职后，创建了自己的组织，即精神分析促进学会和美国精神分析研究所。开始的时候，弗洛姆在其中有督导学生的权利，但是后来，她剥夺了他这个权利，让他只去上一门教精神分析技术的研讨课，她称弗洛姆缺乏医生资格，如果让他继续督导学术，会影响组织和纽约医学院之间的关系。

1943年，他们的关系破裂。霍妮的传记作者帕里斯曾写道："霍妮再也没有发现像弗洛姆这样的爱人，也再没有让自己像对弗洛姆失望那样失望过。"与弗洛姆分手后，霍妮很伤心，进行了深度的自我分析。

霍妮和她的女儿们

霍妮在个人感情生活中一直放荡不羁，但她一生只有一段婚姻：1909年10月31日，霍妮和身为律师的奥斯卡结婚。他们婚后生有三个女儿：长女布吉塔，1911年出生，长大后进入演艺圈，性格与霍妮相似；次女玛丽安比长女小2岁，内向沉默，喜好学术研究，后来在纽约行医，任精神分析师；幼女乐娜塔，是三个女儿中性格最活泼开朗、最擅长社交的，结婚较早，婚后随丈夫去墨西哥定居。

在布吉塔出生后，霍妮写道："女人最有价值的部分就是为人母亲。"

霍妮即将成为母亲时，她感到状态很不好，因为怀孕阻碍了她的婚外情和"浪荡特质"，但是她依然喜爱自己的身份——母亲，她曾在日记中这样写道："就是其中的期待和喜悦，有着如此难以言喻的美。而感觉在我体内正孕育着一个小小的、即将成为人的生命，笼罩着庄严和重要性，这使我非常快乐又骄傲。"

很明显，与其他女性相比，霍妮并不是一位称职的母亲，她的女儿们也觉得自己的母亲很遥远，需要母亲时她总不在身边。霍妮甚至让自己的同道——精神分析学家梅兰妮·克莱因，为女儿做精神分析。

为了反抗母亲安排的精神分析，三个女儿各有不同的方式：布吉塔拒绝见她；乐娜塔躲在沙发底下用双手捂住耳朵，不听克莱因的诠释，还在家里到处写一些粗鲁的话；即使是参与最久的玛丽安也用几句话将治疗的意义一笔勾销。

玛丽安回忆说："这跟我已经存在的真实问题丝毫无关。我的父母没有和梅兰妮谈过，梅兰妮也没有兴趣和我的父母谈一谈……我被放在沙发上，经历这些没有意义的过程，那似乎不会造成伤害，当然也不可能有什么帮助。"

有一次圣诞晚餐，玛丽安在坐着时，紧靠着椅背，且用手抓着桌布，导致桌子上的晚餐都掉在了地上，她们的父亲奥斯卡鞭打了她。看到这样的场景，大女儿和小女儿吓得大哭，但一旁的霍妮没有表现出任何情绪。可见，对于孩子的成长，霍妮采取的是放任的态度。

"离经叛道"的学术生涯

与感情经历相同,霍妮的职业生涯也颇为曲折。

40来岁时,霍妮迎来了她学术与事业的巅峰时期。在此期间,她开始质疑并反对弗洛伊德的正统学说中对女性贬低的理论,与纽约精神分析研究所其他成员的关系也变得紧张。

当代精神分析认为"幼年经验决定一生",而霍妮认为这样的理论是站不住脚的。她认为,经历本身的重要性毋庸置疑,但精神分析更应立足于个体当前的精神状况,重视当前问题的解决。

霍妮的观点与社会心理学一致。对于弗洛伊德关于无意识冲动决定人的行为的论点,霍妮是认同的,但她坚决反对弗洛伊德把无意识的冲动理解成是性本能的冲动、用原始性欲发展阶段的进展来解释人格的形成的观念。她认为,人类的精神冲突与社会环境之间的关系密切,但根本原因还是基于焦虑产生的心理冲突。弗洛伊德所说的性因素只是其中之一,绝不是唯一因素,且并非所有的心理问题都与性有关。

霍妮对人的本性持一种积极乐观的态度,她认为我们每个人都在努力地发展着自己的独特潜能,但人格会受到文化因素的强烈影响。因此,一旦我们原本积极成长的内在力量被外界力量阻碍,就有可能出现病态行为。

1941年,霍妮从纽约精神分析研究所辞职,原因是研究所其他成员的打压。同年，霍妮带领从纽约精神分析研究所出走的伙伴创立了精神分析促进会，同时创建美国精神分析研究所并出任所长，直到1952年去世。

从1941年到1952的11年中，霍妮因为反对弗洛伊德的正统理论而被该流派打压和批评，虽然有来自弗洛伊德学派的批评和压力，美国精神分析研究所内部也存在不同意见，甚至导致了研究所的两次分裂，但即使如此，霍妮的理论还是得到了充分的宣扬。她的学术思想在此时彻底成熟，她的重要学术作品多在此时写就，其中就包括1945年出版的《我们内心的冲突》。

不得不说，卡伦·霍妮的一生是充满自省、反叛与成长的一生：少女时代的她坚持学医并顺利毕业；中年时期独自赴美，开启新的人生启程；在心理学领域早有建树的生命后期，她依然决定"背离"弗洛伊德的正统学派，建构自己的理论与学派。在女性成长与发展甚为艰难的当时社会，这更需要无比的勇气、睿智与魄力，然而也正是这一切，成就了作为心理学大师的卡伦·霍妮。

与弗洛伊德的决裂

在20世纪的心理学领域，卡伦·霍妮是一位极具影响力的人物，被尊为最杰出的女性心理学家之一。她出生于1885年9月16日，德国的学术土壤滋养了她早期的学术之路。

1913 年，霍妮从柏林大学博士毕业。在柏林精神分析研究所任教及经营自己的诊所期间，她逐渐认识到弗洛伊德的阴茎嫉妒、女性受虐狂和女性发展的学说是不合理的，并且，她还希望能站在女性的立场去分析，进而取代当时流行的以男性为中心的女性心理学观点。一开始她打算从内部修正，但最后她还是选择了向这一学说的许多前提条件提出挑战，继而发展了她自己的理论。

1918—1932 年，霍妮通过杂志发表了一系列论文，专门探讨女性问题并质疑以及反对弗洛伊德的理论。霍妮在自己的有关女性心理学的论文中强调了对弗洛伊德"解剖构造即命运"的信条的反对，认为女性性别定位的主要诱因是文化因素，女性的精神障碍是基于对男性阴茎的妒忌，但并非基于阴茎本身是男性特权。霍妮采取阿尔弗雷德·阿德勒的观点，指出女性之所以"想成为男性"，是因为她们希望和男性一样多的人们赋予的特权，比如勇气、力量、成功、性自由等，这些因素不是生物因素，而是文化因素。

事实上，霍妮认为，在男性发现自己无法拥有女性的怀孕能力时，反而会心生妒忌，所以男性才在其他方面表现出进取心，他们想要成功，也是对这一心理的补偿。对于女性心理学的写作，霍妮付出了大量的时间和精力，但遗憾的是，她还是于 1935 年放弃该选题。因为她感到，文化在女性心理形成中的角色令她无法确认哪些心理为女性特有，哪些不是。

她指出，因为社会环境的复杂，不可能真正将女性和男性心理上的不同区分开，心理学家的第一任务不应是探讨"女性本质"，而应是推动整个人类人格的完善。从此之后，霍妮开始发展她认为是中性的、对两性都适用的理论。

霍妮的理论和实践不仅挑战了当时的心理学界，也为理解内心冲突提供了新的视角。这位杰出的心理学家在1952年12月4日离世，但她的贡献至今仍被学术界所铭记。

第二章

在不断自省与探究中获得成长——卡伦·霍妮的学术理论

卡伦·霍妮的主要著作

我们都知道，卡伦·霍妮是新弗洛伊德主义的主要代表人物、社会心理学的最早的倡导者之一，是精神分析学说发展中举足轻重的人物。她的著作有《精神分析新法》《我们时代的神经症人格》《自我分析》《我们内心的冲突》《神经症与人的成长》和《女性心理学》等。

我们来看看她的这些著作。

书名	出版时间	核心内容	贡献与意义
《我们时代的神经症人格》	1937 年	分析现代社会中神经症人格的形成和表现，强调社会文化因素的决定性作用	奠定了霍妮社会文化理论的基础，挑战了弗洛伊德的生物学决定论
《我们内心的冲突》	1945 年	探讨现代人的内心冲突及其根源，提出解决冲突的建议，强调人的可改变性	强调文化和社会因素对人格的影响，提供了实用的心理治疗建议
《神经症与人的成长》	1950 年	探讨神经症与人的成长关系，分析神经症的表现形式，并提出解决方法	提出了神经症是成长中的一种特殊形式，为心理治疗提供了新的视角
《女性心理学》	1967 年	阐述霍妮的女性心理学思想，指出弗洛伊德理论的误区，强调女性心理的独特性	开创了女性心理学研究的新领域，挑战了以男性为导向的传统心理学理论

霍妮的理论框架主要集中在两点，第一点是社会文化因素对人格形成的影响，第二点是焦虑说。她认为，由于现代西方社会存在激烈竞争及其引起的孤立和无助感，个体从童年时代就会产生一种焦虑，而为了摆脱这种基本焦虑，个体发展出各种防御机制，这些机制逐渐演化成为人格的一部分，这就是神经症倾向的来源。

卡伦·霍妮的著作不仅在理论上有重大发展，而且为广大非专业读者所理解和接受。她的作品在现代人格心理学的发展史上以及精神分析的理论与实践上都具有划时代的意义。她的著作深刻洞察了人的各种内心活动，详细讲述了各种特定的矛盾现象，帮助人们认识和接纳自我，走出焦虑泥潭。

卡伦·霍妮的基本焦虑理论

卡伦·霍妮指出，基本焦虑是指个体自出生后，因环境缺乏温暖和安全，而形成的无助感及恐惧感。绝大多数的父母，无法针对幼儿的身心需求设置有利的理想成长环境，甚至有许多父母对幼儿过分苛求，或是过度放纵，致使幼儿无法在充满爱意与安全的环境成长。

基本焦虑理论是霍妮理论的核心。她认为，由于现代西方社会存在激烈竞争及其引起的孤立和无助感，一个人出生后便生活在一种存在潜在敌意的世界中，难免从儿童时代起就形成一种基本焦虑。以后，为摆脱这种基本焦虑而形成的防御机制就逐渐变为其人格的一部分，即神经症倾向或需要。

这种倾向表现为三种活动：趋向他人、反对他人和避开他人。如果这三种活动仍不足以使人面对现实，其神经症将加重。

霍妮还认为，产生焦虑的个人在潜意识中创造了一种"理想化的自我意象"，这种理想自我与真正自我之间的矛盾冲突，是导致神经症的主要原因。

霍妮指出，精神分析的重要作用，就在于使神经症患者能认识由社会文化因素引起的个人当前的倾向和冲突。

而在我们的文化环境下，主要有四种掩盖焦虑的方式：

掩盖焦虑的四种方式

- 合理化焦虑（为恐惧）
- 否认焦虑
- 麻醉自己
- 远离一切可能引起焦虑的思想、感情、冲动以及处境

患者会在丝毫没有意识的情况下，用拖延事情进度的方式逃避那些与焦虑有关的事情。比如工作迟迟不去做、拖延去看病、看到信息一直不回等。或者，他可以"假装"无所谓，也就是他会自我暗示，告诉自己那些实际上很在意的事并不重要，又或者，他可以"假装"自己不喜欢做某些事情，来达到摆脱焦虑的目的。比如，一位女性，因为害怕在宴会上受到冷落而不去参加，并告诉自己，其实自己不喜欢社交。

我们都知道，这是一种逃避倾向，而这一倾向在任何情况下都会发生，于是就产生了一种抑制状态。这种抑制状态的表现为：正常的事情也无法完成，正常的情感无法感受，甚至无法思考问题。这种状态的作用就是避免焦虑，患者因为无法意识到焦虑的存在，也就无法采取措施来克服这种抑制状态。

很多人认为自身的机体障碍是因为工作强度过大，其实未必与工作强度有关，很有可能是工作本身或者工作中的人际关系导致的焦虑引起的。

当然，与某项活动有关的焦虑，会损害与这项活动相关的功能。一个人越是病态，越是会深受防御机制的影响，那么，他无法完成的事或者想不到要去做的事就越多。

卡伦·霍妮是如何看待神经症的

在《我们时代的神经症人格》一书中，霍妮给出这样的观点：神经症人格主要来源于心理失调导致的行为偏差，这一人格的产生不但与一个人的先天性格有关，还与社会环境有着脱不开的关系，社会环境不同、时代背景不同，会孵化出人们不同的行为模式。这是霍妮最重要的作品之一，这本书对神经症人格给予了透彻的分析。除此之外，霍妮的另一部著作——《我们内心的冲突》也能帮助我们对神经症人格进行更全面深入的了解。

卡伦·霍妮在书中指出，神经症人格主要有三种表现。

1. 缺乏自爱和爱人的能力

神经症患者对爱的定义是模糊的，与此同时，他们也不懂得爱自己，更缺乏爱人的能力，这就导致了他们对爱有一种病态的需要。

2. 对外界敏感，情绪大起大落

神经症患者的神经很敏感，外界的一点风吹草动，都能刺激到他们敏感的神经，他们也会因为一点小事情绪失控。他们会将自己的价值与外界联系到一起，别人一句赞美的话能让他们兴奋很久，而一句消极的评价又会让他们跌入谷底，所以他们的情绪总是大起大落。

3. 对财富、权力的过度追求

正因为对财富和权力过度追求，他们总是将自己置于激烈的竞争中。然而，有竞争就有压力，谁都想成功，而成功者往往是极少数。即使获得了成功，也免不了伤痕累累；即使有了大量的金钱和至高无上的地位，也很难说他们内心就能够感受到真正的幸福。

神经症患者总是对自己提出很高的、不切实际的要求，而一旦没有达到要求，就会给自己制造焦虑，并在内心给予自己"你真差劲"的消极暗示。

神经症是如何形成的

关于神经症是如何形成的这一问题,霍妮在她的书中主要提到了三点。

1. 童年时期缺爱

心理学家马斯洛在《动机与人格》这本书中指出,在孩子需要爱和需要被关注的时候,如果父母冷漠对待,孩子会产生失落、怨恨、被忽略的感受。而在这种心理需求没有得到满足时,他们会表现出很强的攻击性,其实这种表现是一种感到人身威胁后的防御机制。

与这类攻击性强的孩子相比,一些孩子被漠视后会表现得顺从和压抑,他们认为只要听父母的话就会得到父母的爱。当然,他们也可能认为将内心的攻击性隐藏起来,不让父母看到,才会得到他们的爱。

2. 无端焦虑

现代人都有焦虑情绪，当我们面对生活和工作的压力时，焦虑情绪就会产生，但是神经症患者则不同。举个例子，当领导交代我们必须在周末前完成某个工作方案时，我们会感到焦虑，这是人之常情，当我们将工作方案交上去且得到领导肯定后，这份焦虑就自动地消失了；但神经症患者在还没有接到任何工作任务时就开始焦虑了，即便被告知没有任何工作任务，他们还是会提心吊胆。这是因为，神经症患者总是会放大自己的焦虑，当然他们自己也不想这么做，但他们控制不住自己。

当他们感到焦虑，或者受到威胁时，他们要么顺从别人，要么拼命获取权力和财富。前一种神经症患者认为，只要顺从别人，就不会被为难，就能避免矛盾冲突；而后一种神经症患者认为，只要有钱有权，就能被高看。

但以上两种方法很明显都不是在解决问题，而是在逃避问题，都只会让患者的神经症越来越严重。因为任何一种负面情绪一旦被挤压，都会有爆发的时候。

3. 社会环境中的价值观

社会环境中对人的影响因素有很多，但其中最大的影响莫过于价值观。比如拜金主义的价值观，一些人认为钱最重要，一切都用钱说话，可以为了钱不择手段，以随意编造事实制造恐慌、激起贫富分化的矛盾。

不过，对此，霍妮还是持积极性态度的，她认为，即便是原生家庭中没有得到爱的孩子，也有自我改造的能力。她指出，对于童年没有得到父母爱的孩子，在以后成长的道路上，如果遇到一些良师益友，也能弥补童年时的"缺失"，会疗愈潜在的神经症倾向。所以霍妮认为，一味地把神经症归根于原生家庭是不合理的，人要学会独立，学会为自己的人生负责，并且坚信自己能够改变自己的人生。

马斯洛也曾提倡，一个人要想消除自己的攻击性，可以通过爱人、建立良好的人际关系来达到，神经症患者也只有在感受到真实的爱的情况下，才能消解内心的冲突。当然，一个生活在温馨和睦的家庭氛围、和谐文明的社会环境中的人，也更能塑造出健康的人格。

我们内心的冲突

任何社会中的人，都需要面临各种矛盾、各种自我心理的冲突和选择。由于深受生活环境的影响，我们常常与自己想要成为的人背道而驰，基于此，我们产生了种种内心的冲突。作为新弗洛伊德主义的主要代表人物，卡伦·霍妮相信，人都有成长的愿望，会一直愿意成为一个更好的人。因此，她认为，只要改变了产生冲突的条件，就能真正解决它们。总而言之，在《我们内心的冲突》一书里，围绕着冲突这一概念，霍妮主要分享了以下内容。

1. 冲突对应的 3 种基本人格

（1）顺从型人格。

这类人通常是老好人，他们希望周围的人都喜欢他、认可他，而他需要的是一个能被他依附的人，能全权替他判断对错的人。与此同时，这个人还必须满足他所有的期待。

这类人通常安全感不足，因为对安全感的需求，他的任何行为都以此为目标，而在此过程中，他的性格特征和生活态度也就被塑造出来了。然而，一旦他们的需求被压抑，就会产生不同程度的心理隐患。

（2）对抗型人格。

在顺从的人看来，他们认为人都是善良的，但他们又因此不断受打击。与之相对的是，对抗型人格的人，认为人都是恶的，在他们看来，生活就是战争，必须要争夺才能成为强者，才有资格生存下来。

（3）疏远型人格。

一些内心冲突的人会选择独处，他们离群索居，形成疏远型人格。

偶尔独处，其实是一种积极的疏离，能促进个体日臻完善，但不是长期的隔离。事实上，他们倾向于独处，是因为人际相处中，出现了无法调和的矛盾，此时，他们就抓住了救命稻草——独处。

严重的疏远型人格，除了会疏远他人，还会连自己都疏远了，也就是认不清自己。如果强求他们亲近别人，可能会导致他们出现严重的精神障碍。

2.应对冲突的策略

为了应对内心的冲突，避免自己受更大的伤害，患者还会采取一些防御策略。

<u>（1）理想化形象。</u>

有这样一幅漫画：一位体态臃肿的中年妇女站在镜子前，而她看到的自己，竟然是有着"S"形曼妙身材的年轻女性。

理想化形象的特征因人而异，这要视患者的人格结构而定。患者喜欢什么，他就会塑造出怎样的形象，比如美丽、善良、有才能、高尚、诚实、手握大权等。当然，这些都是他自己假想出来的，并不是真实的。

<u>（2）外化行为。</u>

除了理想化，还有一种常见的防御策略就是外化行为。这指的是患者彻底抛弃了自我。他们会将自己的过失当成是别人造成的，就连自己的快乐、苦恼与悲伤也都归咎于外部因素。

比如说，A患者经常抱怨他的妻子对他很冷漠，但他是一个酗酒的酒鬼，而且他还经常怀疑妻子不忠。但事实上，他的怀疑没有任何根据，他自己经常背着妻子和别的女人偷情，而妻子对他却像母亲一样好。

其实这就是一种典型的外化行为，他有意识地忽视了自己的不忠，却把这种背叛当作是妻子的。

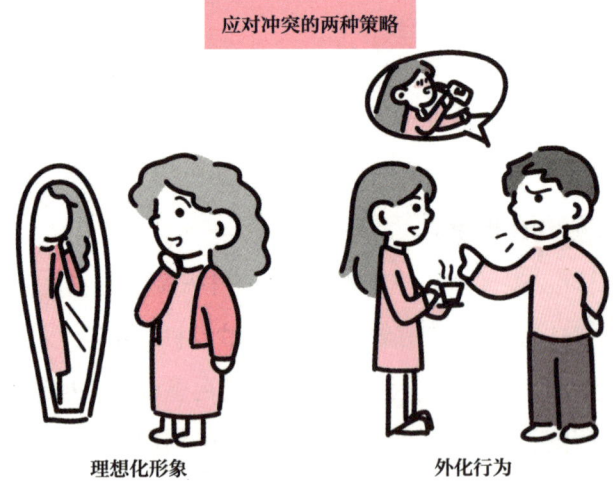

理想化形象　　　　　　外化行为

自我的三种基本存在形态

霍妮在她的人格理论当中指出，自我有三种基本的存在形态。

第一种是真实自我。指个人成长和发展的内在力量，是人类共有的，具有建设性，它是一切成就和能力的来源，当然也存在个别差异。霍妮相信，只要身体健康，且有着适宜的环境，每个人都有可能发展健全的人格。因此，真实自我是可能的自我。

第二种是现实自我。指个人当下的实际面貌，是身心特征的综合。

第三种是理想化自我。指个体想象出来的、纯粹的形象，这些形象是不可能实现的。因此，理想化自我是不可能的，是此时此地身心存在的总和，它可能是身体的和心理的、健康的或神经症的、意识的和潜意识的。

霍妮认为，了解与分析真实自我、现实自我以及理想化自我，是有助于揭示神经症患者的真实自我与自我关系失调的。任何正常人都有理想，而这种理想是符合真实自我与现实自我的要求的，是符合实际的，也能推动个体的自我实现。但对于神经症患者来说，这三者是冲突的，他们会幻想出某种完美的自我形象，进而贬低和排斥现实自我。

认识自我的形态，不只是有助于精神分析，对于自我认识与提升也有帮助。如果个体的理想化自我和实际自我之间差距很小甚至没有差别，那么意味着个体对自己的认识非常清醒到位。人能做到"自知之明"是很难得的，了解自己的不足，就可以针对性地改善，从而实现自我发展，使得实际自我不断向真实自我靠近。

如果个体的理想化自我和实际自我之间差距很大，意味着个体对自身的认识非常不清醒，往往处于自欺之中。这种情况会导致两种现象：一是由于这时的理想化自我往往是非常优秀或非常低劣的，因此个体不能正确认识到自身的问题（认为自己不需要改进或无可救药），从而阻碍了自身的成长；二是由于生活中总是会有某些证据揭露了真相，因此个体实际上能明显或隐约意识到这二者的差距，这可能会使得个体更进一步地加重自欺，而引起各种神经症。

霍妮认为，心理治疗最重要的一点就是使患者能够正确地重新评估自己，从而脚踏实地改变自己。

我们可以举个例子："心理咨询师的职业形象"也许算是"理想自我"，但更有可能会倾向于"真实自我"，那么"现实自我"则是"此时此地身心存在的努力学习的自己"。

那这是不是"角色不清"呢？回答这个问题之前，我们同样要先弄明白什么是角色不清。个体对其扮演的角色认识不清楚，或者公众对社会变迁期间出现的新角色认识不清或还未形成对这一新角色的社会期待，都是角色不清。个体在角色不清时，往往会产生应激反应，出现焦虑和不满足。

霍妮确认的十个神经质需求

精神分析理论家卡伦·霍妮发展了神经症中最著名的理论。她认为由基本焦虑导致的神经症是由人际关系直接引起的。她的理论指出，正是用于应对焦虑的策略被过度使用，使他们表现出各种需要。

根据这个理论，基本焦虑（导致神经症）可能起因于各种各样的事情，包括直接或间接的控制，冷漠、古怪的行为，对孩子的个别需求缺乏尊重、缺乏真正的指导，蔑视的态度，过度赞美的或欠缺、缺乏可靠的温暖，在对立的父母间做选择，太多或太少的责任，过度保护，与其他孩子隔离，不公正，歧视，没有兑现的承诺，敌对的气氛，等等。

在《自我分析》一书中，霍妮概述了她已经确认的10个神经质的需求。

1. 对情感的神经质需求

这个需求包括被喜欢的欲望、取悦他人并满足他人的期望。有这种需求的人对拒绝、批评和别人的愤怒或敌意很敏感。

2. 希望同伴重视自己的神经质需求

他们会将自己对情感的需求集中在某个人身上，他们害怕被对方抛弃。这类人通常过分重视爱，他们认为只要有这个同伴，生活中的困难和麻烦将都会解决。

3. 让自己活得无欲无求的神经质需求

他们希望自己在人群中看起来不起眼，渴望被忽视。他们无欲无求，通常避免对物质的需求，或认为自己的需求并不重要，而对于自己的能力通常也低估了。

4. 对力量的神经质需求

他们通常赞美力量，轻视软弱，会利用或控制他人。这种人害怕个人的局限性、无助和无法控制的情况。

5. 利用别人的神经质需求

这些个体依据可以从他人那获得什么来观察别人。有这种需求的人，为有利用他人的能力而自豪，并经常想着如何操控他人以获得所期望的东西，包括创意、权力、金钱或性。

6. 对名声的神经质需求

他们会根据公众的认可度来评价自己，他们害怕社交中的失误和失去社会地位，而对物质财富、性格特征、专业成就和爱人也会基于声望去评估。

7. 对个人崇拜的神经质需求

对个人崇拜有神经质需求的人是自恋的,是过度自我认知的。他们想要基于这个想象的自我而被崇拜,而不是基于真实的自己。

8. 对个人成就的神经质需求

他们害怕失败,始终不断努力,要求自己要比之前更加成功。

9. 对避免被束缚的神经质需求

他们好像是"孤独的人",害怕被束缚而远离他人。

10. 对完美的神经质需求

这些人追求完美,他们不容许有个人过失,所以他们会不断寻找身上的缺陷。

可见,这些需求涵盖了对爱、权力、完美等的极端追求。当这些需求变得强制和僵化时,它们便构成了神经症人格的一部分。

正常的内心冲突与神经症的区别

前面,我们指出了人们在内心产生冲突时常常会使用的几种应对策略,但也有这些策略解决不了的情况,此时,便会产生几种后果。

1. 恐惧

他们担心一旦自己的理想化形象被摧毁,就会成为碌碌无为之人,就会成为自己曾经最讨厌的样子;而一旦接受治疗,他们的内心就会崩塌，而到最后，他们也恐惧自己根本无法改变。

2. 人格的萎缩

神经症患者之所以带着冲突生活，且深受其困扰，是因为冲突本身，也是因为他为解决冲突而做出的挣扎。

尚未解决的冲突还会引发他们精力分散，以及价值观、道德准则、情感态度的分裂。

3. 失去了生活的动力

人是为了希望而活着，希望也是化解痛苦的最佳良药，但是神经症患者有未解决的冲突，这导致了他们内心的绝望。他们失去了生活的动力，失去了自信和作为健全人理应有的信念，他们放弃了希望，任由自己的人格继续分裂下去。

4. 将愤怒与不幸强加到他人身上

神经症患者常常生活在绝望中，他们感觉自己被抛弃，且无法挣脱，感觉生活失去了意义。但他们需要从其他方面补偿这种心理，于是，他们倒行逆施，盲目地将愤怒和不幸强加到别人身上。

我们都会有内心冲突的时候，但这不代表我们都得了神经症。卡伦·霍妮提出，正常的内心冲突，与神经症的内心冲突有两点不同。

其一，冲突的矛盾程度不同。正常的内心冲突，对立的两股力量会形成锐角，或者直角，"熊掌"和"鱼"二选其一，虽然令人为难，但还是可以做出取舍的。而神经症的冲突则会呈现180度的对立，你必须非此即彼地做选择。

其二，正常的内心冲突能够被看见，或者一经过提示，就能发现其存在。而神经症的内心冲突则隐藏得很深，患者很难察觉到它。

霍妮的理论带给我们最大的意义，就是能够帮助我们察觉冲突，捕捉到黑色生命力，让内心和解，释放出生命的活力。

当然，这个过程不是轻松的，很多人不敢靠近自己的内心，对黑色生命力充满恐惧。

认识自我，就像是跳入深渊，与黑暗拥抱，将心中曾被压抑、剥离的那些东西寻找回来。让自己复原，黑暗的生命力才能变得明亮，我们的生命也才能变得完整。

就如鲁米所说："心的伤口正是光与爱进入你内在的窗口。"正视伤口，觉知的光就可以照进内心，阴影自然会慢慢褪去，伤口也将被一一抚平。

卡伦·霍妮与《女性心理学》

1917年，霍妮精神分析方面的处女作问世。霍妮以《女性心理学》一书一举打破了弗洛伊德的神话，为20世纪女性精神分析研究开了先河，也为此后许多女性主义心理学家的理论探究奠定了基础。霍妮试图把女性从男性的文明、男性社会的文化暗示中解放出来。她主张女性要认识自己的"天性"，剥离男性社会对女性心理的定位，力求获得一幅女性自我精神发展的真正蓝图。

《女性心理学》中的主要观点包括以下几个方面。

1. 强调文化和社会因素对女性心理的影响

霍妮认为社会心理对女性的影响很重要，且超过了弗洛伊德提出的性本能观点。她指出，在成长过程中，女性受到社会文化的影响，形成特定的心理模式和行为习惯。

2. 女性心理发展的独特特点

霍妮认为，女性在成长过程中会经历"阉割情结"，也就是女性在成长过程中，会感受到来自男性社会以及文化给自己的限制，而导致无法实现自我。而这样的感受会使女性产生焦虑不安的情绪，这对她们的人际关系和行为有消极的影响。

3. 神经质需求和爱的需求

霍妮提出了"神经质需求"的概念，她认为很多女性在婚姻与爱情中所表现出来的强迫性的需求，来源于对爱和安全感的需求，而之所以有这样的需求，是因为童年的不安和情感的缺失。

4. 对弗洛伊德学说的批判和继承

霍妮在《女性心理学》中批判了弗洛伊德的理论，她认为弗洛伊德的理论是建立在男性经验上的，对于女性心理发展是无法解释的，她希望自己的研究能弥补这一不足。为此，她提出了更加符合女性实际心理状态的理论。

在当时的社会背景下，霍妮的理论为很多人所非议，但她的理论对她之后的心理学研究产生了深远的影响。她的理论促进了女性心理学的发展，强调了在女性心理发展中，文化和社会因素的决定性作用，为后来的女性主义心理学研究奠定了基础。

第三章

神经症的文化和心理内涵

现在，我们已经可以随心所欲地运用"神经症"这个词语，但是对于它的实际含义，我们并没有形成清晰的概念。一般情况下，我们为了表示反对意见，带着炫耀的态度表达自己的博学就会采用这个词语。如果我们以前出于习惯而指责某个人非常敏感、懒散、贪婪或者疑心病重，那么现在我们也许会直截了当地说他是"神经症"。虽然我们并不了解这个词的准确含义，但我们总是有所指地使用这个词。我们在不知不觉间运用了某些标准，这些标准决定了我们将会对哪些对象使用这个词语。

在对待事物的反应上，神经症患者是与众不同的。假设有一位姑娘心甘情愿地居于人下，不思进取，不想得到更高的薪水，也不愿意和顶头上司保持一致，我们就会顺理成章地给她冠以神经症患者的名号。再假设有一位艺术家，他每个星期只能赚取三十元，虽然他只要花费更多时间用于工作，就能赚取更高的周薪，但是，他却只想得到这笔微薄的收入，而用其他时间享受人生：或者沉溺于毫无意义的爱好和那些不值一提的雕虫小技中，或者浪费大量的时间在女人身上，与女人厮混。对于这样的人，我们也顺理成章地给他们冠以神经症患者的称号。我们做出这种论断的依据很简单，即他们的做法不符合绝大部分人熟悉的生活方式。这种生活方式激励我们超越自己和他人，勇敢地征服世界，哪怕满足生存基本需求只要很少的金钱，我们也要努力赚取更多的钱。

第三章
神经症的文化和心理内涵

这些例证告诉我们，我们通过观察一个人的生活方式是否与时代公认的模式相符，就能判定他是否是神经症患者。如果那个缺乏竞争欲，或者至少没有表现出明显竞争欲的姑娘在某个普韦布洛印第安文化中生活，那么她一定不会被认作是神经症患者；同样的道理，如果那位艺术家在位于意大利南部的某个小村庄里生活，或者在墨西哥的某个地方生活，那么他也不会被认作是神经症患者。在上述的环境中，人们一致认为，只要满足了绝对必需的直接需要，任何人都不应该付出更大的努力，也不应该获取更多的金钱。如果追溯到古希腊，我们会发现很多人都把超出个人需要而努力工作的态度视为下贱和卑劣。

所以，尽管神经症的概念产生于医学术语，但是在使用的过程中，它却难以避免地具备了文化内涵。即使对患者的文化背景毫无所知，我们也可以诊断他腿部的骨折情况。但是，对于一个自称拥有各种幻觉并且对幻觉深信不疑的印第安少年，如果我们将其诊断为精神病患者，就会存在极大风险。因为在印第安人与众不同的文化中，对幻象和幻觉的经验被视为特殊的禀赋，也被视为神灵给予的福祉。当一个人拥有这种特殊的禀赋，那么所有人都会一本正经地认为他拥有某种特权和威望。以我们的文化作为背景，如果有人自称曾经与已经去世多年的祖父长久地交谈，那么他一定会被视为精神病患者或者神经症患者。但是，在某些印第安部落中，一个人与去世的祖先对话得到了广泛的认可和接纳。以我们的文化为背景，如果有人因为其他人提到自己已故亲属的名字而勃然大怒，我们一定会认为他是神经病患者；然而，在基卡里拉·阿巴切文化中，这种现象被视为正常。以我们的文化为背景，当一个男人因为与正处于月经期的女性接触而感到极度恐惧，我们必然认为他是神经病患者；但在很多原始部落中，几乎所有人都恐惧月经，这就不足为奇了。

> 我能和去世的祖父交流。

> 我昨天跟我去世的祖父聊到……

什么是正常？

文化不同，使人们对于正常和不正常的观念不同，即使在相同的文化中，随着时间的流逝，人们对于正常和不正常的观念也会发生改变。当下，如果一位成熟独立的女性因为自己曾经发生过性关系，就认为自己"自甘堕落""不配与高尚的人相爱"，那么人们一定会怀疑她患有神经症。在很多社会阶层中，都是如此。但是，时间倒退40年，人们则认为这样的女性应该产生罪恶感。

因为社会阶级不同，正常与不正常的观念也会不同。例如，在封建阶层中，人们认为男人就该终日游手好闲，只在狩猎和征战中才应该大显身手。但在小资产阶级中，这种态度却被视为极端异常。因为性别不同,这种观念也会不同。在西方文化中,人们认为男人和女人的气质是不同的。在接近40岁的时候,女人就应该沉浸在对衰老的恐惧中无法自拔,这是"正常的";但如果接近40岁的男人因为年纪越来越大而担忧,则会被认为是神经症。

每一个受过教育的人都不同程度地了解到,在我们认为的正常中,有着各种各样的不同和变化。我们很清楚,和我们的饮食习惯相比,中国人的饮食习惯完全不同;我们也很清楚,和我们的卫生习惯相比,因纽特人的清洁观念大相迥异;我们还很清楚,和现代医生治疗患者的方法相比,土著巫医治疗患者的方法是截然不同的。但很少有人知道,人类不但在风俗习惯上表现出很大差异,在欲望和情感上也存在着各种各样的不同和差异。曾经,人类学家或者以间接的方式,或者以直接的方式,指明了这一点。和萨皮尔说的一样,现代人类学的一个伟大功绩,就是持续地重新发掘"正常人"的内涵。

每一种文化相信唯有它自己的欲望和情感才是"人性"的正常表现,这是它执着的信念。心理学也是如此。例如,弗洛伊德曾经通过观察得出结论,认为和男人比起来,女人更善嫉妒,随后,他就试图寻找生物学根据来证明他假想得出的所谓普遍现象。

弗洛伊德貌似还假设所有人都体验过关于谋杀的犯罪感。然而,不同的人对待杀人有不同的看法。就像彼得·弗洛伊琴所说的,因纽特人并不认为必须惩罚杀人者。在很多原始部落中,如果一个家庭中的某个成员被外来者杀害,那么这个家庭必然承受严重的伤害,但可以用某种替换抵偿这种伤害。例如,一个儿子被人杀死了,妈妈悲痛欲绝,最终却为了代替亲生儿子,而收养凶手当儿子。

更加深入地利用这些人类学上的发现,我们必须承认,我们对于人性形成的某些概念是非常天真的。例如,我们认为竞争、兄弟不睦、夫妻恩爱是人性的本能倾向,这种观点是毫无根据的。我们总是以特定社会强加于社会成员身上的情感标准和行为标准,判断什么是正常的概念。但是,因为时代、文化、阶级和性别的不同,这些观念也是不同的。

对于心理学而言,这些现象具有深远的意义,它将会引导人们怀疑心理学是否真的万能,在各种与文化有关的发现和与其他文化有关的发现之间有很多相似之处,但我们不能因为这些相似性就断定两者有着相同的动机。对于新的心理学发现能够揭示人性中原本就有的普遍倾向这种观念,人们已经表现出质疑和否定。所有的结果都能够证明某些社会学家的反复论断,也就是并不存在对所有人都适用的正常心理学。

但是,这些局限是有好处的,它帮助我们更深入地理解人性。上文所述的人类学现象的基本内涵是,在极大程度上,我们生活的环境,即密切交织不可分割的文化环境和个体环境,决定了我们的情感和心态。反之,这一点可以理解为,如果我们已经在某种程度上认知了我们所处的文化环境,我们就将更加能入木三分地理解正常心态和正常情感的特殊性质。同样的道理,既然神经症只是正常行为模式发生畸变,那么我们也就有可能更好地理解各种各样的神经症。

第三章
神经症的文化和心理内涵

弗洛伊德曾经提示了一种迄今为止依然没有得到人们慎重思考的对神经症的理解。在理论上，虽然弗洛伊德曾经认为我们正是因为天生具有更多的生物力，所以才会有怪癖，但与此同时，他频繁地强调过如下意见：如果我们还没有对一个人的生活环境进行细致的了解，尤其是不了解他在童年时期情感上受到了哪些决定性影响，我们就无法真正理解他的神经症。依据这一观点，如果我们没有细致深入地了解某种特殊文化对个人产生的各种影响，那么我们就无法真正理解个人的人格结构。

在某些方面，弗洛伊德虽然远远地超越了他所处的时代，但在其他很多方面，尤其是他过度强调精神特性的生物性起源，可以证明他深深地受到那个时代科学主义倾向的影响。对于我们文化中司空见惯的对象关系或者本能驱力，他曾经设想过其是取决于生物性的"人性"，或者是来自各种固定不变的情境，例如，

生物特性　　　固定不变的情境
前生殖器阶段　态母情结

生物学上固有的"前生殖器"阶段、恋母情结等。

弗洛伊德忽视了文化因素，所以才会做出很多错误的结论和概括，在相当程度上，我们因为受到他的误导，而没有对那些真正推动我们的态度和行为的力量进行理解。我认为，这种忽视文化因素的行为，直接导致了精神分析虽然看起来具有无限的潜力，其实却已经走入了绝境，只能依靠滥用很多晦涩难解的理论和暧昧不明的术语装点门面。这是因为精神分析始终墨守成规、如法炮制地追随弗洛伊德首创的理论路线。

现在，我们恍然大悟，神经症本质上是对正常行为方式的偏离和畸变。这个标准至关重要，但是并不充分。人们也许会偏离普遍的行为方式，但是不一定会真正患上神经症。前面提到的那位艺术家之所以拒绝付出更多的时间努力工作以赚取更多金钱，也许是因为患有神经症，但也许只是因为他比普通人更加聪明，不愿意卷入争名夺利的竞争漩涡中罢了。很多人尽管貌似完全适应现存的生活方式，但是其实却可能患上了非常严重的神经症。在这样的情况下，心理学的观点和医学的观点都是必不可少的。

然而，令人奇怪的是，我们很难从这个观点出发说明真正构成神经症的那些内涵。无论如何，只要我们始终把研究停留在表面现象上，就很难发现所有神经病的共同特征。显而易见，我们不可能以各种各样的症状，例如抑郁沮丧、恐惧不安、机能性生理失调等作为标准，判断一个人是否患上了神经症，因为真正的神经症患者很有可能不会出现这些症状。我将在后文讨论，为何某种类型的抑制作用随时随地地存在，但它们很有可能是异常微妙的，也很有可能经过非常巧妙的伪装，所以我们通过表面的观察并不能发现它们。如果我们仅以表面现象作为依据判断人际关系是否反常，其中也包括性关系的反常，那么我们就会面临同样的困境。虽然很容易就能捕捉到这些现象，但是很难鉴别它们。虽然还没有形成对人格结构的深刻认知，但是人们依然能够从所有神经症患者身上发现两种特征，第一种特征是反应方式上的某种固执，第二种特征是潜能和现实的脱节。

神经症特征1：反应方式上的某种固执

他们不知道又在说我什么。

这两种特征都需要更深入的解释。所谓反应上的固执，指的是<u>缺乏能够保证我们对不同的情境做出不同的反应的灵活性</u>。举例而言，只有在感到事出可疑或者发现自己的确有理由产生怀疑的时候，正常人才会存在疑心；但神经症患者却没有任何理由每时每刻在所有场合中都处于疑虑状态。他本人对于这种状态或者是有知觉的，或者是没有知觉的。对于他人的恭维，正常人能够分辨究竟是出于虚情假意，还是出于真心诚意；但对于所有恭维，神经病患者却可能一概表示怀疑。当发现自己被别人以一种不正当的方式欺骗时，正常人会怒气冲天；但对于所有的好话，神经症患者却可能都感到愤怒，哪怕是在意识到这些好话对自己有利的情况下，他们也是如此。有的时候，正常人会因为一件关系重大的、无法决定的事情犹豫不决，但对于在任何时间发生的任何事情，神经症患者都有可能无法做出决定。

然而，只有在偏离文化模式的情况下，固执才会成为神经症。在西方文明中，对于绝大多数农民而言，固执地对所有全然陌生的或者完全新鲜的事物持有怀疑态度是非常正常的；在小资产阶级中，固执地强调勤俭持家，也被认为是正常的。

同样的道理，一个人的内在潜能与他在现实生活所取得的成就之间存在很大的差距，很可能纯粹是外在因素导致的。但如果他具备各种天赋，而且具备良好的外部条件促进自身发展时，依旧一事无成；或者，虽然他拥有所有好条件使自己感到幸福，却不能享受自己所拥有的一切，更不能获得幸福；或者，一个女人非常美丽，却仍然认为自己对男人缺乏吸引力，那么，我们就可以把这种脱节和差距视为神经症的表现。换而言之，神经症患者总是认为自己在阻碍自己。

暂时放下表面现象，深入到能够有效产生神经症的动力系统中，我们不难发现，==焦虑和为了抵御焦虑而建立的防御机制，是所有神经症共同具有的基本因素==。不管神经症患者的人格结构有多么复杂，这种焦虑一直都是产生和保持神经症过程的内在动力。

神经症特征2：潜能和现实的脱节

显而易见，这种说法是放之四海而皆准的。我们暂时可以交替使用焦虑和恐惧这两个词语，它们随处可见。为了对抗焦虑建立的防御机制，同样如此。并不只有人类才会发生这些反应。在受到某种危险的恐吓时，动物要么反击，要么逃跑，我们在面对同样的恐惧时，也有可能会采取相同的防御措施。因为担心遭到雷击，我们在房顶上安装避雷针；因为担心发生意外事故，我们购买保险。上述这两种做法中，都存在着恐惧与防御的因素。在每一种变化中，都存在着不同形式出现的恐惧与防御的因素，而且它们很有可能被制度化。例如，因为担心中邪而佩戴护身符，因为担心死者作祟而举行隆重的仪式告慰死者的在天之灵，因为担心女人月经带来灾祸而制定各种各样的禁忌，避免接触正在来月经的女人。

这种类似的现象使我们情不自禁地想要进行一种错误的逻辑推论。既然神经症的基本因素是恐惧和防御，那么对于以对抗恐惧而制度化的防御措施，我们为何不能将其称为"文化的"神经症呢？这个推论的错误在于，虽然这两种现象具有同一种因素，但是它们未必是同一的。我们不能只是因为一所房屋是用石头作为原材料造成的，就把这所房屋称为石头。虽然恐惧和防御措施使神经症人成为病态人格，但他们的根本特征是什么呢？难道病态恐惧是一种想象性的恐惧吗？当然不是，因为对死者的恐惧也可以被我们纳入想象性恐惧的范围。那么，神经症之所以是神经症，是因为他压根不知道自己为何感到恐惧吗？不，因为他也同样不知道自己为什么恐惧死者。显而易见，这两者之间的区别与理性化的程度和自觉的程度毫无区别，真正的区别在于下述因素。<u>每一种文化提供的生活环境都会导致不同的恐惧。</u>无论这些恐惧产生的过程是怎样的，它们都可能是由例如大自然和敌人等外在危险，再如因为受到压抑愤愤不平、被强制要求服从、遭遇挫折而激发起来的仇恨等不同形式的社会关系，又如对鬼魂、对触犯禁忌的传统性恐惧所引发的不同形式的文化传统引发的。不同的个体产生的恐惧程度不同，在所有特定文化中，没有人能够逃离这些恐惧。但是，神经症患者不但对一定文化中所有人共同具有的那些恐惧而恐惧，而且因为他个人生命环境的不同，需要注意的是，这种生命环境与普遍的生活环境密切交织，使得他在量与质上出现了偏离文化模式的各种恐惧。

通常情况下，某些保护性措施，例如禁忌、风俗、仪式和习惯等，抵消了这些存在于一定文化中的恐惧。一般而言，和神经症患者以一种与众不同的方式建立的防御措施相比，这些防御措施代表了一种更加经济的方式。所以，尽管正常人必须受到自身文化中恐惧与防御的影响，但总体上能够发挥自身的潜能，享受生活赋予他的所有可能和机会。对于自身所处文化提供的各种机会，正常人能够竭尽所能地抓住机会，并且最大限度地充分利用机会。从消极的角度来看，他承受的一切痛苦都不如生活在他的文化中必须承受的痛苦更多。与此相反，和普通人比起来，神经症患者必须遭受更多痛苦，这是因为他不得不为他的防御措施付出惨重的代价，这严重地损害了他的生机与活力，也阻碍了他拓展人格。更确切地说，这将会损害他享受生活和做出成就的能力，这样的情况必然导致上文所述的差距和脱节。其实，神经症患者注定是要受苦的。在针对通过表面观察而发现的所有神经症具有的共同特征时，我之所以没有提到这个事实，是因为它未必是通过外部观察得到的。哪怕是神经症患者本人，也未必能够意识到他正在受苦这个事实。

　　在对恐惧与自卫进行讨论时，我生怕自己因为广泛论述神经症的性质这个简单的问题，而引起读者的厌烦。为了辩解，我首先说明，心理现象一直都是错综复杂的，即使从表面上看非常简单的问题也有着复杂的答案。我再次说明，我们在这里最初遇到的困境也是如此，我们将要解决怎样的问题，将会是贯穿全书、始终陪伴我们的困境。之所以很难正确地描述神经症，是因为我们其实既不可能完全地利用心理学工具，也不可能完全地利用社会学工具寻找到令人满意的答案；我们只能和真正做的那样，采取交替的方式使用这两种工具，即先使用其中一种工具，再使用另一种工具。如果我们只是从动力学和心理结构的观点对神经症进行考察，我们就必须把一个其实并不存在的所谓正常人实体化；只要超过本国的国界，超过与我们具有相似文化的国家的国界，我们就必然面临更大的困难。如果我们仅仅是从社会学的观点对神经症进行考察，将它解释为对一定社会中人们共同行为模式的偏离，就会忽略了我们关于神经症心理特征的所有已有知识；此外，任何国家、任何学派的精神病医生都必然拒绝这样的结论，而承认他在日常工作中的确是采取这样的方式鉴别神经症患者的。把这两种方式综合起来就形成了这样的观察方法，即既把神经症患者外在异常表现纳入考虑范围，也把他们内在心理过程的动力学异常纳入考虑范围。在此过程中，不要把其中任何异常视为主要因素和起到决定性的因素。这两种考察方法必须相结合。一般情况下，我们认为神经症的一种内在动力是恐惧和防御，但只有当恐惧和防御在量与质上同时偏离了同一文化中模式化的恐惧与防御措施时，才会构成神经症。我们采取的正是这种观察方法。

  因为神经症还存在另一种基本特性，即冲突倾向，所以我们不得不沿着同一方向继续向前迈进一步。患者本人并没有意识到存在这种冲突倾向，或者至少没有意识到它的确切内容，所以他仅仅自发地试图达到某种妥协和解决。弗洛伊德曾经以各种不同的形式强调这个特性，认为它是构成神经症必不可少的要素。区分神经症患者的冲突与共同存在于一种文化中的冲突的依据，既不是这些冲突的内容,也不是这些冲突在本质上都是无意识的。在这两个方面,神经症患者的冲突与共同的文化冲突很有可能完全一致。真正的区别在于这样的事实:对于神经症患者而言,这些冲突更加紧张,更加尖锐。神经症患者企图实现某种妥协的解决,可以被称为"病态的解决方式"。和正常人的解决方式比起来,这些解决方式更令人不满,而且常常需要付出损害完整人格的沉重代价。

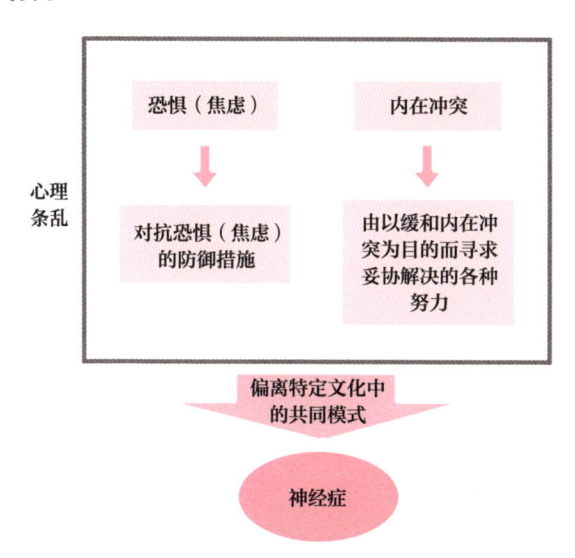

```
心理        ┌─────────────────────────────────────┐
紊乱        │   恐惧(焦虑)          内在冲突      │
            │       ↓                   ↓         │
            │   对抗恐惧(焦虑)    由以缓和内在冲   │
            │   的防御措施        突为目的而寻求   │
            │                     妥协解决的各种   │
            │                          努力        │
            └─────────────────────────────────────┘
                              ↓
                      偏离特定文化中
                        的共同模式
                         
                          神经症
```

回顾一切考虑,我们依然没有准确地、完美地给神经症下定义,但我们至少可以这样描述它:**神经症是一种由恐惧以及对抗恐惧的防御措施,由以缓和内在冲突为目的而寻求妥协解决的各种努力导致的心理紊乱。** 从实际的角度考虑,只有在这种心理紊乱偏离了特定文化中共同模式的情况下,我们才能将其称为神经症。

第四章

为什么要谈论"我们时代的神经症人格"

因为我们主要关注神经症影响人格的方式，所以我们的研究范围界定于两个方向。

首先，神经症更容易发生于哪些人的身上：在其他方面，他们的人格都没有遭受损害，也没有被扭曲，只是因为充满冲突的外在情境，他们才会形成病态的反应方式。在针对某些基本心理过程的性质进行讨论后，我们将回头简明扼要地讨论这种相对简单和明了的情境神经症的结构。但是，我们此刻并不关注这个方面，因为情境神经症患者仅仅是对特定的困难情境暂时缺乏适应能力，并没有表现出病态人格。当提起神经症时，性格神经症才是我要讨论的对象。虽然这种神经症的症状现象有可能和情境神经症的症状完全相同，但性格的变态才是主要的紊乱。潜伏的慢性过程才会导致性格神经症这样的结果，通常情况下，性格神经症形成于童年时代，而且在不同程度上影响到人格的不同部分。仅从表面来看，实际的情境冲突也可能导致性格神经症，但只要认真研究汇总的病史，就会发现早在产生任何困境之前，就已经出现了各种各样的病态性格特点；当下暂时所处的困境在很大程度上产生于那些此前就已经存在的人格障碍。有些神经症患者会病态地对某一生活情境做出反应，但是对于一般的正常人而言，这一生活情境却并不意味着任何冲突。所以，对于早已存在的神经症而言，情境只是起到了揭示的作用。

其次，我们并不想了解神经症的症状现象，而更想要了解性格紊乱本身；在神经症中，人格变态是持续存在、频繁发生的现象。而临床意义上的症状却可能彻底没有或者变幻莫测。同样的道理，从文化的角度考察，和症状相比，性格也是更重要的，因为正是性格影响人的行为，而非症状影响人的行为。因为已经深入地了解了神经症结构，因为已经意识到治疗症状未必相当于治疗神经症，所以从总体上来说，精神分析的重点已经发生了转移，关注点不再是症状，而是性格的变态。打比方来说，神经症状是火山的喷发，而非火山本身；而引发疾病的性格上的变态就像火山一样，始终深深地隐藏在个人内心深处，使个人也不知道它的存在。

在进行上述限制后，我们现在也许能提出这样的问题：现在的神经症患者到底是否具有某些共同特点，这些特点又是否真的这么重要，以至于我们可以针对我们时代的神经症人格讨论呢？

性格变态是随着不同类型的神经症而产生的，给我们留下深刻印象的不是它们的相似之处，而是它们的不同之处。例如，癔症型人格和强迫型人格是完全不同的，但仅仅是机制上的差异。换而言之，只是两种性格紊乱的不同表现方式和不同解决方式备受我们的关注而已。又如，癔症型人格常常表现出无法抑制的投射倾向，强迫型人格则常常把冲突理智化。我所强调的共同性并不是冲突表现的方式，而是冲突的内容。更确切地说，在很大程度上，这些共同之处并不是那些导致心理紊乱的经验，而是那些实际促使个人失常的内在冲突。

必须有一个先决条件，才能阐明这些动力以及它们的分支。和大部分精神分析专家一样，弗洛伊德也重点强调精神分析的任务是发现一种频繁重演的幼儿模式，或者是揭示一种冲动的性欲根源，例如，特殊的性感区。虽然我觉得要想完整地理解神经症，就必须追溯患者的童年环境，如果片面地运用这种发生学的考察，只会导致局面混乱，而无法真正地澄清问题。因为它会使我们彻底忽视真实存在的各种无意识倾向，以及这些无意识倾向的功能，还有它们与同一时间存在的诸如恐惧、冲动和保护性措施等其他倾向之间的相互影响。必须在有助于这种功能性理解的情况下，发生学的理解才是有用的。

以这个信念作为基础，我们可以在具有不同气质、不同兴趣和不同年龄的神经症患者，以及来自不同社会阶层的神经症患者中，选出那些属于不同类型的、变化频繁的人格类型进行分析。我发现，他们所呈现出的所有动力中心的冲突内容及其相互关系都是大同小异的。我通过精神分析实践总结出的这些经验，已经以观察正常人和观察当代文学作品中人物形象的方式得到了验证。对于神经症患者身上频繁发生的诸多心理困扰，如果能够消除其具有的晦涩玄幻性质，那么我们很容易就会发现它们与我们的文化中正常人面对的诸多心理困扰只是程度不同而已。绝大多数人都必须面临竞争问题、恐惧失败问题、情感孤独问题、不信任自己和他人问题等。这些问题并非仅存在于神经症患者身上。

通常情况下，某一种文化中的很多个人都必须面对很多同样的问题。正是存在于该文化中的特殊生活环境导致了这些问题的产生。和我们文化中的动力与冲突相比，其他文化中的动力与冲突是不同的，因此，我们不能把这些问题归入"人性"的共同问题。

从这个意义上来说，在针对我们时代的神经症人格进行讨论时，我并非仅仅想指出一切神经患者都有的共同基本特征，我要告诉大家的是，从本质上来说，正是我们的时代和我们的文化中存在的各种困境造就了这些基本特征。在我所掌握的社会学知识范围内，我将会在本书后面的内容中尽量说明到底是怎样的文化困境造成这些心理冲突。

必须由人类学家和精神病医生一起努力，才能检验我关于文化与神经症之间关系的假设究竟是正确还是错误的。精神病医生不应该仅仅针对神经症在一定文化中的表现进行研究，例如以形式作为标准研究神经症的发生率、不同类型和严重程度，而更应该以怎样的冲突才会构成这些神经症为出发点，对神经症进行深入研究。在研究同一文化时，人类学家应该以一种文化结构给个人造成了怎样的心理困境作为出发点。所有这些基本冲突的共同表现方式之一，就在于它们都是能够通过表面观察洞悉的心态。所谓表面观察，指的是一个优秀的观察者无须使用精神分析技术，就能直接从他非常熟悉的人身上发现，例如他本人、他的家人、他的朋友、他的同事等。接下来，我开始剖析这种能够通过观察的方式而频繁发现的现象了。

可以把这些能够观察到的态度大致分为以下五类：①付出和获得爱的态度；②自我评价的态度；③自我认可的态度；④攻击性；⑤性欲。

①付出和获得爱的态度

②自我评价的态度

③自我认可的态度

④攻击性

⑤性欲

对于第一种态度，我们时代的神经症患者具有一种主导倾向，即<u>过分依赖他人的赞美或者情爱</u>。人人都想要得到他人的喜爱，也能够赢得他人的赞赏，但是，与爱和赞扬对他人生活产生的现实意义相比，神经症患者对爱和赞扬的依赖是极不匹配的。

第四章
为什么要谈论"我们时代的神经症人格"

虽然人人都想要被自己所爱的人喜爱，但神经症患者身上却表现出一种强烈的饥渴，这使他们对于爱和赞赏不加分辨，甚至完全不考虑他们到底是否真的关注当事人，以及对于他们而言，当事人的评价究竟有没有意义。神经症患者对于这种无穷的渴望往往是无知无觉的，当他们得不到想要的注意和关心时，他们就会表现得过分敏感，也因此呈现出这种渴望。例如，如果有人拒绝了他们的邀请，或者很久都没有打电话和他们联系，或者仅仅是在某个问题上没有采纳他们的意见，他们就会感到自己深受伤害。无疑，他们可以表现出"我不在乎"的态度从而掩饰和隐藏这种敏感。

还有些神经症患者自身感受或者给予爱的能力与他们对爱的渴望之间有着显而易见的矛盾。他们过度需求爱，却对他人漠不关心，也不愿意体谅他人，这就形成了强烈对比。这种矛盾未必会表现出来。例如，神经症患者很有可能过度关心、体谅他人，也常常急不可待地想要帮助他人。但我们很快就会发现他在这种情况下所做出的行为是强迫性的，并非产生于内心深处真正的热情。

过度依赖他人，往往是内心缺乏安全感的表现。通过表面观察，我们可以从神经症患者身上发现**内在的不安全感**——这是第二种态度。内在的不安全感最明显的标志是自卑感和不足感，它们以各种不同的方式得以表现。例如，神经症患者常常在没有任何现实依据的情况下，确信自己是无能的、愚蠢的、没有魅力的。在这种心态的影响下，有些人明明聪明绝顶，却偏偏自认为非常愚蠢；有些女人明明美丽动人，却偏偏自认为缺乏吸引力。

这些自卑感的表现方式多种多样，例如惶惶不安、怨天尤人，把不该有的缺陷视为理所当然，并且为此耗费心思。神经症患者还会以不同的举动掩饰自卑感，具体表现为爱抢占风头的执拗嗜好，自我夸张的补偿性需要，或者用各种各样足以在我们的文化中赢得他人尊重和崇拜的东西吸引他人的关注，让他人更加重视自己，例如，收藏古画、赚取金钱、购买老式家具、交往女人、交往社会名流、到处旅游、学识渊博等。在这两种倾向中，每一种倾向都有可能得到凸显，但在通常情况下，一个人常常会表现出同时存在的两种倾向。

自我肯定是第三种态度，它常常涉及各种显而易见的抑制倾向。本书提及的自我肯定不是指一切不正当的追求和欲望，而是指一种认可自己或者认可自己观点的行动。在这个方面，神经症患者表现出强烈的抑制倾向。他们抑制自己表达某种要求或者某种愿望；抑制自己发表意见、表达批评或者命令他人；抑制自己做有利于自己的事情；抑制自己选择想要交往的人，以及正常接触他人的行为等。同样的道理，在坚持个人立场方面，他们也有各种抑制倾向。面对他人的攻击，神经症患者常常不能保护自己，即使想要拒绝别人，他也不能表示反对。例如，当一个推销员向他兜售某种不在他购买清单内的东西，当别人邀请他参加晚会，当一个女人想要与他做爱，他都不能表示反对。在明确意识到自己需要什么东西这个方面，他们同样存在着各种抑制倾向，也就是说，他们常常无法做出决定，不能形成意见，即使对于仅仅与个人利益相关的愿望，他们也不敢表达。他们选择隐藏这些愿望。最后一个方面，也是特别重要的一个方面，即没有计划能力。无论是未来的生活需要计划，还是一次旅行需要计划，神经症患者总是随波逐流。哪怕是在与婚姻和事业有关的重大问题上，神经症也不能做出自己的选择。他们不知道自己在生活中到底需要什么，而只是被一种病态的恐惧推动着。他们的表现，和我们从那些因为恐惧贫穷而想方设法聚敛钱财的人看到的一样。

　　第四种态度是和攻击性相关的，这是一种与自我认可完全相反的态度，即一种==攻击、贬低、反对或者侵犯他人的行为，或者其他以任何形式表现出来的敌对行为==。这种类型的心理紊乱是以两种截然不同的方式表现出来的。一种方式是喜欢支配、挑剔苛责和攻击他人，总是找出他人的错误或者欺骗别人。在极其偶然的情况下，怀有这种心态的人会意识到自己存在攻击倾向，然而，在大部分情况下，他们不仅对此无知无觉，而且常常自以为是表示真诚，或者认为自己只是在表达意见。其实，他们非常蛮横，喜欢咄咄逼人，但他们却自认为自己的要求是合理且谦恭的。在其他人身上，这种心理紊乱也可能是以完全相反的方式呈现出来。通过表面观察不难发现，这些人很容易觉得自己上当受骗，或者被人牵制、责怪，得到不公平的对待，或者因为地位低下而饱受屈辱。同样的道理，这些人也不知道这只是他们自身的一种心态而已，因而自怨自怜地误以为全世界都亏待了他们，在欺负和压榨他们。

第五种态度表现为<u>性生活方面的怪癖</u>。可以大概地将其划分为以下两类：第一类，对性行为的强迫性需要；第二类，对性行为的抑制作用。在达到性满足前的任何阶段都有可能出现抑制作用，具体表现为禁止自己接触异性，禁止自己追求异性、反感性机能和性欢娱等方面。在性心态中，也会出现前文描述过的诸多反常表现。

或许还能更加细致地描述上文提到的这些态度，我将在本书后半部分一一论述它们，但现在继续无所不包地描述它们，对于我们理解它们并无帮助。我们必须对产生这些态度的动力过程进行考察，才能更加深入地理解它们。当深入认识这些潜在的动力过程时，我们就会意识到所有这些态度尽管从表面上看非常凌乱，缺乏逻辑联系，但是从结构上看，它们却是彼此紧密关联的。

第五章

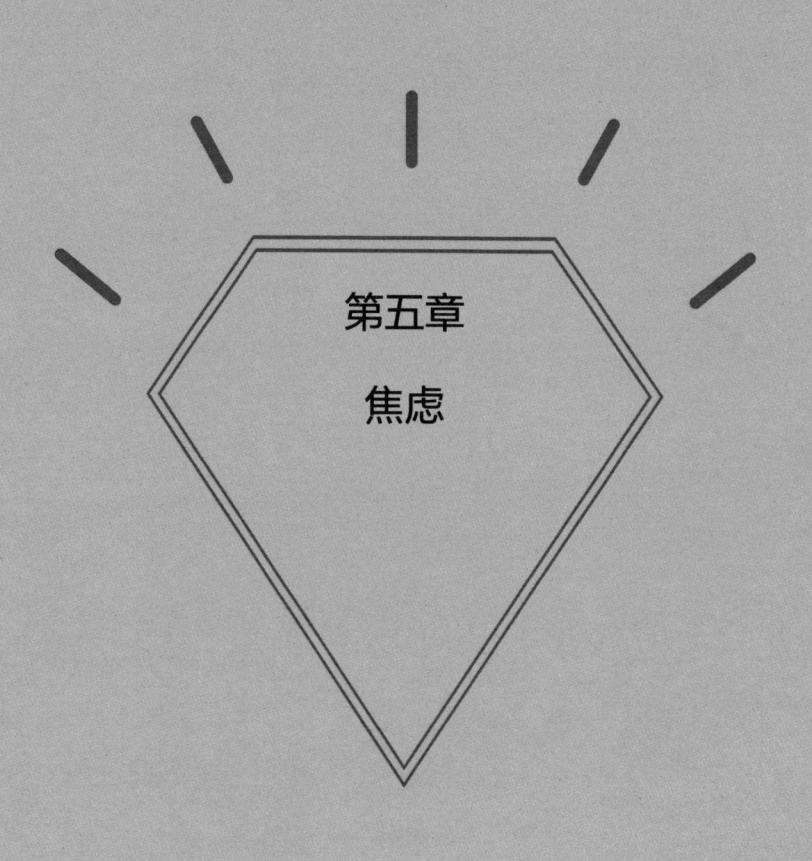

焦慮

在更加详细地论述神经症之前，我必须重拾我在第一章中提起的话题，对于我说的焦虑的准确含义进行澄清。这样做非常有必要，因为就像我所说的，焦虑是神经症的动力中枢，我们随时都要与它打交道。

在前文中，我把焦虑和恐惧作为同义词使用，并且指明了两者的紧密关系。从本质上来说，焦虑和恐惧都是面对危险境况时做出的情绪反应，都有可能产生各种生理感觉，例如，浑身颤抖、冒冷汗、心跳过速等。这些生理变化也许会特别强烈，使人被突如其来的强烈感觉袭倒，最严重的后果是死亡。尽管这样，焦虑和恐惧还是有区别的。

如果只是因为孩子的身上出了丘疹或者孩子患了轻度感冒，妈妈就担心孩子会死去，那么这种情绪反应就是焦虑；但如果孩子的确身患特别严重的疾病，妈妈为此感到特别担心和害怕，那么她的这种情绪反应就是恐惧。有的人只要站在高处就感到特别害怕，有的人当必须对一个非常了解和熟悉的专题与人讨论时就感到特别害怕，这样的情绪反应都是焦虑；但如果他在电闪雷鸣的恶劣天气中在深山老林里迷路了，那么他的害怕就变成了恐惧。迄今为止，我们可以对焦虑和恐惧进行简明扼要的区分：==一个人对必须直面的危险做出合适的反应就是恐惧，一个人对必须直面的危险做出不相称的反应就是焦虑，甚至有些焦虑的人只是因为想象中的危险做出情绪反应。==

然而，这种区分有一个非常明显的缺陷，即忽略了必须根据某一特殊文化所有的一般常识判断一种反应是否恰当。然而，即使这种常识判定某种态度毫无根据，神经症患者也还是能轻而易举地找到合理的根据，作为他行为的依据。其实，如果我们告诉患者是因为病态的焦虑，才会害怕受到那些狂暴的精神病患者的攻击，那么我们就会因此而陷入永不停息的争论中。因为他会认为他的恐惧是有切实根据的，还会举出很多例子证明这种事情真的发生过。例如，在一个部落里，坚决禁止食用某种动物，但这个部落中的一个原始土著因为某种突发的原因，食用了这种禁忌食物，那么他肯定会吓得魂飞魄散。作为旁观者和局外人，你会认为这种恐惧产生于不恰当的反应，认为它从本质上而言是一种没有任何根据的迷信。但是，当你真正了解了这种与禁忌食物相关的信念时，你就会恍然大悟，认识到对于那个土著而言，吃了禁忌食物意味着一种实实在在的危险，它表明捕鱼或者狩猎的地方将会因此受到污染，整个部落里的所有人都有可能因此而身患大病。

和原始土著的这种焦虑相比，我们文化中神经症患者的病态焦虑是有明显不同的。原始土著的焦虑涉及共同奉行的信念，而病态焦虑则并不涉及共同奉行的信念。然而，无论是哪种焦虑，当我们明白了这种焦虑所蕴含的意义时，就会立刻打消认为它是不恰当反应的想法。例如，有些人特别怕死，对死有无法驱散的焦虑；但是，正因为这种痛苦，他们又隐隐地渴望死亡。他们恐惧死亡，同时也盼望和思考死亡，所以产生了一种危险迫在眉睫的强烈顿悟。如果我们了解所有产生恐惧的因素，那么就能理解他们对死亡产生焦虑的情绪反应。还有一个简单的真实事例。不管是站在大桥上，还是走到悬崖边缘，还是站在高楼的窗口旁边，人们都会觉得特别恐惧。仅从表面上看，这种恐惧仿佛是一种不恰当的反应，但是从本质上来说，人们会因为身处这样的处境而产生对生的强烈渴望，或者对死的强烈诱惑，也就是突然产生一种莫名其妙的冲动，想要从高处跳下去。在他们的内心深处，这样截然相反的两种想法始终在搏斗。他们的焦虑，也许正是这种内心冲突导致的。

客观外在的危险恐惧　　　　主观内在的危险焦虑

所有考虑都告诉我们，我们需要修改定义。不管是焦虑还是恐惧，都是对危险的恰当反应。但在恐惧的情况下，危险是客观外在的，且特别明显；在焦虑的情况下，危险则是主观内在的，且非常隐蔽。这意味着，情境对人具有的意义与焦虑的强度成正比关系，一个人基本上不知道自己为什么这么焦虑。

这样区别恐惧和焦虑，实际意义是对恐惧和焦虑进行说明。采用劝说的方法试图说服神经症患者摆脱焦虑是毫无作用的。神经症患者的焦虑涉及的是他内心感受到的处境，而非现实生活中真实存在的处境。所以，心理治疗的任务是竭力发掘某些处境对神经症患者产生的意义。

我们已经清晰地阐述了我们所说的焦虑的真正含义，接下来，我们必须更加深入地弄明白焦虑将会发挥怎样的作用。在我们的文化中，普通人很少意识到在自己的生活中焦虑具有怎样的重要性。一般情况下，他顶多能够回忆起他在童年时代曾经产生过一些焦虑，曾经做过一两次令他倍感焦虑的梦，他曾经在正常生活秩序之外，极其偶然地对某些处境有过担忧。例如，在即将考试之前，或者即将与一位重要的权威人物进行一场重要的谈话之前。

针对这一点，我们从患者身上搜集的资料非常混乱。有些神经症患者能够充分意识到自己正处于焦虑状态之中因而痛苦不堪，但是焦虑的表现方式却极其变幻莫测：它可以表现为焦虑症的发作，也就是一种弥漫性焦虑；它也可以依附于一定的活动上或者在一定的处境中产生，例如仿佛是因为置身于高楼、公共场合或者街道上；它还可以有非常明确的内容，例如害怕患上癌症，害怕精神失常，害怕自己一不小心吞下了异物等。另一些神经症患者意识到有的时候他们会产生焦虑，在某些情况下有外在条件激发焦虑，在某些情况下则没有外在条件激发焦虑。但无论如何，他们并不看重这些外在条件。还有一些神经症患者只是意识到自己产生了自卑感、压抑感、性生活紊乱等情况，却完全没有意识到自己曾经有产生过任何焦虑。但更深入的考察却能够证明他们刚开始时的陈述未必准确。在分析这些患者的过程中，我们发现他们所拥有的焦虑和第一种患者同样多，甚至更多，只是被隐藏在表层意识下而已。精神分析促使这些患者意识到他们此前被隐藏在表层意识下的焦虑，这样他们就有可能回想起曾经让他们忐忑不安、心神不宁的处境和梦境。但是他们并不愿意承认自己具有超出正常限度的焦虑。这意味着他们很有可能具有焦虑，但是自己却对此毫不知情。

这样说并没有完全揭示出这个问题的意义，对于一个更大、更广泛的问题而言，它只是组成部分而已。我们曾经体验过很多短暂易逝的感受，例如爱、愤怒和怀疑，因为太过短暂和转瞬即逝，它们甚至没有进入我们的意识，所以我们才会在很短的时间内就彻底忘记它们。这些感觉很有可能是飞快逝去的，而且彼此之间毫无关联。但同样有可能存在一种巨大的动力隐藏在它们后面。一种感受的程度和重要性，并不完全取决于对这种感受的自觉程度。把这个观点应用于焦虑，这就意味着**我们不但可能产生了焦虑而毫不自知，与此同时，我们还很有可能对这些焦虑是我们生活中的决定因素这一点也无知无觉。**

其实，每个人都仿佛想方设法地摆脱焦虑，或者避免产生焦虑的感觉。这样做有很多理由，其中最为常见的理由是：强烈的焦虑是一种极其折磨人的心情。很多患者曾经经历过强烈焦虑，他们会说宁愿死，也不愿再被强烈焦虑折磨。除此之外，对于个人而言，某些包含在焦虑心情中的因素是无法容忍的。完全无能为力就是一个不能容忍的因素。在面对形势危急的外部危险时，一个人也许可以坚持充满勇气，坚持充满生机。但当他处于焦虑的状态中时，他不但会感到而且会真正彻底无能为力。对于那些视地位、权力和控制为最高理想的人而言，最不能容忍的就是承认自己束手无措、无计可施。他们认定自己的反应完全不匹配自己的理想，所以特别憎恨焦虑的感受，似乎焦虑的存在就证明了他们的怯懦和软弱。

　　明显的非理性是焦虑所包含的另一个因素。有些人根本无法容忍非理性因素控制自己。这些人在潜意识中感觉到自己有可能面临被自身的非理性异己力量淹没的危险，也有可能他们已经在生活中主动训练自己无条件服从理智的支配，所以，他们不能自觉地容忍任何非理性因素。非理性因素除了包含各种个人动机之外，后面的这种反应还与文化因素有关，因为我们的文化总是尤其强调理性的思考和理智的行为，而认为所有非理性的东西，以及那些仿佛是非理性的东西都是低级的。

　　焦虑包含的最后一种因素，在某种程度上与这一点有所联系。焦虑通过自身的非理性性质使我们意识到自己身上有某种东西出现了问题。从本质上来说，这是一种警报，它要求我们彻底检视自己。这并非意味着我们自觉主动地把它视为一种警报，而是意味着无论我们是否愿意承认，它本身就是一种暗示的警报。没有人喜欢这种警报，甚至我们对于意识到自身必须改变的某些态度是极其反感的。无论如何，一个人越是束手无策，越是觉得自己陷入恐惧和防御机制的天罗地网中无法脱身，越是固守自己的痴心妄想，坚定不移地认为自己对待所有事情都是正确和完美的，也就越是出于本能而拒绝一切暗示，哪怕暗示是间接的、委婉的，他们也不愿意承认自己的某个地方出了问题，更不会改变自己的某些态度。

不愿承认内心已警铃大作

　　我们的文化中有四种逃避焦虑的方式：对焦虑合理化；彻底否认焦虑的存在；麻痹自我；回避所有有可能导致焦虑的思想、情感、处境和冲突。

　　逃避焦虑的第一种方式是对焦虑合理化，完美地诠释了如何逃避责任。从本质上来说，它是把焦虑转化为合理恐惧的一种方式。如果我们对这种转变所具有的心理价值漠不关心，我们很有可能犯自以为是的错误，认为这种转变并不会引起什么变化。其实，不管过分焦虑的妈妈是承认自己的焦虑，还是把焦虑视为正常的恐惧，她都仅仅是在关心自己的孩子而已，这一点不会改变。但我们应该告诉妈妈她的反应是一种焦虑，而非合理的恐

第五章
焦虑

惧。我们可以以暗示的方式告诉她，她的焦虑与现实存在的危险不相匹配，在这种焦虑中，有各种各样的个人因素。面对这样的告诫和暗示，她会当即表示反对，并且先想方设法地证明你彻底搞错了。难道玛丽不是在婴儿时期就患上了这种传染病吗？难道乔尼以前不是因为爬树才会把腿摔断的吗？难道不是有一个人使用糖果作为诱惑拐骗孩子吗？难道她不正是因为对孩子的爱和责任心才会这么做吗？

不管何时，当我们发现有人如此满怀热情态度激动地为自己的非理性态度进行辩护时，我们就能够肯定对于那个人而言这种辩护的态度必然具有至关重要的作用。这样的妈妈非但不会因为自己的情绪而感到束手无策，恰恰相反，她会认为在这样的情境下自己可以主动地做些什么；她非但拒绝承认自己的软弱，恰恰相反，她还会因为自己具有很高的道德准则而骄傲和自豪；非但不会认为自己的态度中有各种非理性因素，恰恰相反，她还会认为自己的态度是完全正当的，也是非常合理的；她非但不会觉察和接受劝说自己改变某些态度的忠告，恰恰相反，她还会一如既往地把自己的责任移交给外部世界，并且以此为借口逃避自己的真实动机。显而易见，为了获得这些暂时的利益，她不得不付出代价，她再也不能消除自己心中的忧虑。更加重要的是，她的孩子也不得不为此付出代价，然而，对于这一点她根本没有意识。此外，她并不想要意识到这一点。因为在她的内心深处，她一直坚持一种幻想，即认为自己无须改变态度，就能够得到必须改变态度才能获得的好处。

对于相信焦虑是一种合理存在的恐惧的所有倾向，例如，恐惧分娩、恐惧疾病、恐惧饮食失当、恐惧天灾人祸、恐惧贫穷潦倒等倾向，这样的原则都是完全适用的。

逃避焦虑的第二种方式是**彻底否认焦虑的存在**。其实，在这样的情况下，要么否认它，要么彻底把它排除在意识之外，因为我们无法真正摆脱焦虑。这种情况下，表现出来的所有迹象都是伴随恐惧或焦虑而生的生理现象，例如，浑身战栗、冷汗直流、心跳加速、无法喘息、尿频、腹泻和呕吐等。在精神方面，则表现为莫名其妙的烦躁和冲动，或者有置身事外的麻木感和疏离感。当我们真正感到害怕并且意识到自己正在害怕时，我们也许会出现上述的生理现象和感觉。这些感觉和生理现象很有可能是真实存在的，并且是因为受到压抑而倍感焦虑的唯一表现。在后面这种情况下，个人只能意识到一些外在的事实，例如在某些情况下总是无法控制自己频繁地想要小便，在火车上总是感到眩晕并且呕吐不止，夜间还会出现盗汗等情况。通常情况下，这些表现并没有生理上的明确原因。

然而，我们也有可能情不自禁地否认焦虑存在，还会有意识地想要战胜焦虑。这和在正常水平下发生的情况是相似的，即以试图忘记恐惧的方式消除恐惧。众所周知的事例是，一个士兵产生了一种试图战胜恐惧的冲动，在这种冲动的驱使下，他一反常态，做出了非常英勇的举动。

同样地，神经症患者也能够通过自觉做出决定的方式战胜焦虑。例如，一个女孩在即将进入青春期时一直饱受焦虑的折磨，尤其是与强盗相关的焦虑始终困扰着她。但她却主动地避免考虑这种焦虑，独自睡在阁楼上，或者独自走在阴森森的、空旷无人的宅院里。

她的第一个梦表现出这种态度的不同变化方式。梦中有很多骇人的情境，然而，她每一次都能勇敢地面对这些情境。在一个深夜里，她听见花园里传来脚步声，因而推开门走到阳台上，大声呵斥道："是谁？"就这样，她消除了自己对强盗的恐惧，但是因为没有改变激发焦虑的内在因素，所以并没有消除依然存在的焦虑引发的其他后果。她还是性格孤僻，内向胆怯，总是认为自己不受人欢迎，也不被人需要，一直不能真正安定下来做一些建设性的工作。

通过自觉做出决定的方式战胜焦虑

通常情况下，神经症患者没有这样的自觉决定，而是自动进行这个过程的。但神经症患者与正常人的区别在于这个决定产生的结果，而非这个决定的自觉程度。神经症患者拼尽全力能够得到的所有结果只是消除了焦虑的特殊表现方式，正如上文所说的女孩消除了对强盗的恐惧一样。仅管如此，对于这样的一种结果，我也并不轻视，因为它极有可能不但具有实用价值，而且有助于在心理方面产生价值，增强自尊心。然而，人们总是高估这些结果，所以很有必要指出这些结果的消极作用。其实，在这些结果中，不但没有改变人格的基本动力结构，而且当患者失去内在紊乱的明显征象时，就会同时失去他解决这些紊乱的鲜活动力。

在很多神经症患者身上，不顾一切地克制焦虑的行为都发挥极大的作用，而且很难被正确地辨识出来。例如，在某些特定情境中，很多神经症患者常常表现出强烈的攻击倾向，一般情况下，人们认为这种攻击倾向是真实敌意的直接表达，但是它其实主要是产生于因为感到自己受到攻击而承受的巨大压力，所以才会想要战胜自己内在的胆怯。虽然确实常常存在敌意，但是神经症患者却可能无限度地夸大了他真实感受到的攻击，在焦虑的激发作用下，他不顾一切地想要战胜内心的胆怯。如果我们没有关注到这一点，就有可能会把这种无所顾忌的莽撞当作真正的攻击倾向，这是非常危险的。

逃避焦虑的第三种方式是<u>麻痹自我</u>。人们常常以有意识的、毫不掩饰的方式实现麻痹自己的目的，即借助于摄入酒精和服用药物的方式。除此之外，还有很多其他方式，这些方式彼此独立，互不关联。一种方式是因为恐惧孤独而积极地参与社会活动。无论当事人是自觉意识到这种恐惧，还是仅仅感受到隐约的不安，这种恐惧都无法改变真实的处境。还有一种方式也可以麻痹焦虑，即全力投入工作，甚至为了工作而不顾性命。通过辨识工作中表现出来的强近性行为和节假日中莫名其妙产生的烦躁情绪，可以证明这一点。

还可以通过满足睡眠的不正常需求，达到同样的目的，虽然这种过量的睡眠在消除疲劳方面并不能起到更有效的效果。最后，作为一种"安全阀"，性生活也能缓解焦虑。早在很久之前，人们就已经发现焦虑将会导致强迫性手淫，但是很少有人认识到，焦虑同样能够导致各种形式的性关系。有些人把性行为当作主要手段用于消除焦虑，一旦没有得到性满足，甚至只是在很短暂的时间内没有得到性满足，他们也会暴躁易怒，烦闷不安。

逃避焦虑的第四种方式是**回避所有有可能导致焦虑的思想、情感、处境和冲突**，这种方式所起到的作用是最为彻底的。正如那些恐惧登山或者潜水的人主动避免从事相关活动一样，它也可以是一种自觉的过程。更准确地说，一个人能够自觉地意识到焦虑的存在，并且主动地避免它。但他也有可能只是依稀意识到，或者根本没有意识到焦虑的存在；可能只是依稀意识到，或者根本没有意识到他采取了什么方式避免焦虑。例如，他也许会在无意识的状态下故意拖延完成那些与焦虑有关的事情，犹豫不决不愿意做出有关的决定，不愿意主动寻求医生的帮助，不愿意动笔写信等。此外，他可以"伪装"自己，即主观上相信那些他特别关注的事情，例如对员工下达命令、参加会议、和他人恩断义绝等。但其实对于他而言这些都是不值一提的。或者，他可以假装自己讨厌做某些事情，这样一来，一个姑娘如果担心自己在晚会上受到冷落，就可以让自己相信自己原本就很讨厌社交活动，从而索性避免参加这种晚会。

逃避焦虑的4种方式

对焦虑合理化	彻底否认焦虑存在
• 把焦虑转变为合理的恐惧 • 为非理性的焦虑辩护	• 生理现象：战栗、冷汗、心跳加速、尿频、呕吐…… • 精神现象：莫名的烦躁和冲动或麻木感和疏离感 • 不顾一切地克制焦虑
麻痹自我	回避有关的思想、情感、处境和冲突
• 酗酒、药物滥用 • 过度参与社会活动 • 过度投入工作	• 主动避免从事相关活动 • 拖延、犹豫不决 • 假装讨厌做某事

如果我们深入到这种逃避倾向自动发挥作用的某些场合，我们就会发现一种抑制状态，并且与之接触。抑制状态即无法感受、真正去做、深入思考某些事情，它可以起到避免引起焦虑的作用。在这种情况下，神经症患者的自觉意识中没有任何焦虑，也不具备凭借自觉的努力克服抑制状态的能力。通常，在癔症型功能丧失中，抑制状态会以最令人感到奇怪的方式呈现出来，例如癔症型失语、癔症型失明或癔症型肢体瘫痪。在性领域中，这种抑制状态可以表现为性冷淡和阳痿，虽然这些性抑制状态很可能有着非常复杂的结构。在精神领域中，抑制作用通常表现为无法集中注意力，无法形成或者表达自己的意见和观点，不愿意接触他人等。这些现象都是为人们所熟知的。

如果为了达到帮助读者全面认知抑制状态的形式和发生频率

的作用，我们列举种种抑制状态而花费好几页的篇幅，这很有可能是极具价值的。然而，我觉得最好把这个机会留给读者，让读者自主地回忆起自己在观察这方面的有关现象时得到了怎样的收获。如今，抑制作用众所周知，如果它得到了充分发展，那么人们很容易就能辨认出它来。虽然这样，我们也应该对抑制存在的很多先决条件进行简要的考察。如若不然，对于抑制作用的发生频率，我们必然会低估。因为在一般情况下，我们往往意识不到自己身上到底有多少抑制。

第一种因素是，我们必须首先意识到自己迫切想要做某件事情的愿望，然后才能意识到自己其实不具备做这件事的能力。举例而言，我们必须先意识到自己在哪些方面有野心，然后才能意识到自己在相关的方面存在哪些抑制。有人也许会感到疑惑，对于自身的愿望，难道我们不该每时每刻都清清楚楚吗？当然不是。假设有一个人正在听一篇论文的宣读，与此同时，他对这篇论文形成了自己的批评意见。这个时候，哪怕是极其微小的抑制作用，也会使他不好意思表达自己的批评意见。如果存在一种较强的抑制作用，那么他就无法组织自己的思想，导致直到结束讨论或者到了次日早晨，他才能形成自己的批评意见。同样的道理，抑制作用也可以非常强大，强大到让你根本不可能形成任何批评意见。在这样的情况下，假设他其实对别人的意见持有反对态度，但是他却倾向于无条件地接纳别人表达的一切，或者对别人的意见表示认可和赞赏。换而言之，当一种抑制作用强大到能够阻碍我们的冲动和愿望时，我们压根无法意识到这种抑制作用的存在。

在个人生活中,当抑制作用发挥非常重要的职能,使当事人固执己见地认为这是不可改变的事实时,就会产生能够防止抑制作用被我们意识到的第二种因素。例如,如果一个人内心有着严重的焦虑,这种焦虑与所有竞争性工作都是相关的,那么在尝试着做各种工作之后,他就会疲惫不堪,甚至坚持认为自己身体孱弱,无法胜任任何工作。他得到了这种信念的保护,无须重新回去工作,继续承担巨大的焦虑。反之,如果他承认自己身上存在一种抑制作用,那么他就不得不继续面对竞争性工作,也继续因此而承受巨大焦虑。

第三种因素会引导我们重回文化因素上。如果个人的抑制状态与文化主张的抑制形式是相符合的,与现存的意识形态也是相符合的,那么个人很有可能完全没有意识到这些抑制作用的存在。例如一个神经症患者具有严重的抑制倾向,从来不敢接近女人,他对自身的抑制状态毫无察觉,是因为他已经习惯了从女性神圣这个普遍观念的角度看待自己的行为。对于谦虚是美德这个观点,很容易形成一种不敢提出任何要求的抑制倾向。对于政治、宗教中占据统治地位的各种政策和教规,我们不敢有任何批判性的想法,但我们压根没有意识到这种抑制作用的存在,所以也就无法意识到自己身上有着与受到惩罚、遭到批判、被人孤立等相关的焦虑。为了准确地判断这种情况,我们必须细致入微地梳理和透彻理解各种个人因素。缺乏批判思想并不意味着存在抑制作用,而可能是因为常见的思想懒惰、愚昧,或者是因为拥有和占据统治地位的教条截然不同的信念。

这三种因素中的任何一种因素都会导致我们对实际存在的抑制作用忽视或者漠视，都能够解释为何那些经验丰富的精神分析医生也很难发现这些抑制倾向。但即使我们假定自己能够发现这些抑制作用，我们也依然会低估抑制作用的发生率。我们必须把所有的反应都纳入考虑范围，虽然这些反应并非成熟的抑制作用，但是它们却正在成熟的过程中。在内心深处，我们也许依然能够做某些事情，但是与这些事情有关的焦虑却会影响我们的行动。

首先，我们一旦从事那些令我们感到焦虑的活动，就会产生紧张感、筋疲力尽的感觉或者疲劳感。例如，我的一个患者对于在大街上行走感到非常恐惧，如今，她正带着焦虑试图摆脱这种恐惧。她常常觉得自己星期天逛街一定会感到精疲力竭。平日里，她能够胜任非常繁重的家务劳动，却从不感到疲劳。从这个事实上，我们可以得出结论，即她的衰竭感并非因为体质虚弱，而是源自户外行走的焦虑。虽然她现在已经有效减少了这种焦虑，可以去街道上行走，但这种焦虑还需要继续减少，一直减少到使她不感到衰弱为止。其实，很多机体障碍都被归咎于工作过度，这些障碍之所以产生，并非因为工作本身，而是因为与这种工作相关的焦虑，或者因为与同事之间关系相关的焦虑。

其次，由某种活动引发的焦虑，将会损害那种活动需要用到的功能。例如，如果有一种焦虑是与下达命令有关的，那么当事人就会以一种抱歉的、毫无作用的方式下达命令。一个人如果有与骑马有关的焦虑,那么他就不能够驾驭马匹。这种情况的自觉程度是不同的。当一个人因为某种焦虑而使自己不能以令人满意的方式完成某项使命时,当事人是能够意识到的,也有可能只是模糊地感觉到自己无法圆满地做好某件事情。

再次,与某种活动相关的焦虑,将会破坏这种活动产生的愉悦,而且这种情况通常不属于轻微的焦虑。与此相反,轻微的焦虑很可能导致过度热情。例如,如果只是略微有些担心而乘坐飞快旋转的乐园车,那么这项活动就会变得更加令人兴奋,也更加刺激;但如果怀着强烈的焦虑去坐乐园车,那么就会认为这是一种酷刑。再如,一种与性关系紧密关联的强烈焦虑,将会使性关系乏味无趣;而且,如果本人并没有意识到这种焦虑的存在,他就会认为性关系原本就是没有任何意义的。

最后一点也许会给人以含糊其辞之感,因为我在前文说过可以把厌恶感作为手段用来避免焦虑,现在,我却说厌恶感很有可能是焦虑产生的后果。其实,这两种说法都是对的。厌恶感既可以作为重要的手段防止产生焦虑,又可以作为焦虑产生的后果。这只是一个很小的例子,告诉我们理解心理现象是非常困难的事情。一般情况下,所有心理现象都是错综复杂的,它们彼此交织起来。要想在心理学知识上取得进步,我们就必须痛下决心对无数交织起来的相互作用进行考察。

我们并不是为了一览无遗地揭露所有可能的防御机制,而是为了讨论我们怎样才能保护自己避免受到焦虑的干扰。其实,我们不久就会发现很多更为彻底地防止焦虑产生的方式。当下,我最应该关注的是证明以下观点，即和我们意识到的焦虑相比，我们真实拥有的焦虑更多；或者，我们压根没有意识到我们真实拥有的全部焦虑；与此同时，也是为了明确指出我们可以从中发现的焦虑有什么共同之处。

控制状态对行为的影响

我不能骑马。

一旦从事催生焦虑的活动，就会感到紧张和疲惫。

由某种活动引发的焦虑会损害那种活动用到的功能。

与某种活动相关的焦虑会破坏这种活动产生的愉悦。

总之，生理上的不适感总是掩饰着焦虑，例如心动过速和身心俱疲的感觉背后就有焦虑，很多看似正当的恐惧背后也有焦虑。它将会成为潜在的动力，驱使我们借酒浇愁，纵情狂欢。我们时常发现，我们之所以无力去做某些事情，或者无力享受某些事情，正是因为焦虑的存在；我们也会发现，在各种抑制作用背后，焦虑就是隐藏的动力因素。

文化使生活于文化中的个人产生了很多焦虑。每个人都为自己建立了防御机制，每个人的防御机制都是不同的。一个人越是呈现出病态，这些防御机制就越是渗透和决定他的人格，他就会有更多无法去做或者压根没有想到要去做的事情，虽然以他的教育背景、精神状态和生命力量作为依据，我们有充分的理由期待他做这些事情。一个人的神经症越是严重，他就越是具有各种抑制倾向，这些抑制倾向也就表现得更加不容忽视。

第六章

焦虑与敌意

在针对恐惧和焦虑的区别进行讨论时，我们的第一个结论是：从本质上而言，焦虑是一种与主观因素有关的恐惧。那么，这种主观因素具有怎样的性质呢？

我们的当务之急是对个人在焦虑情况下获得的经验进行描述。在焦虑状态下，人们有一种无法逃避的强烈危险感，其本人对这种危险感无能为力。无论这种焦虑是产生于对癌症的臆想，还是产生于对电闪雷鸣的恐惧；无论是站在高处油然而生的病态恐惧，还是其他与之相似的任何恐惧，无比强大的危险感知和对危险感无能为力的这两种感觉一直都存在。有时，使人们觉得无能为力的危险力量仿佛来自外部世界，例如，电闪雷鸣、意外事故和其他诸如此类的事物；有时，使人们感受到威胁的危险又仿佛来自他内心无法控制的冲动，例如担心自己会失去自控力从高处跳下，担心自己会歇斯底里地拿刀杀人；有时，这种危险感是变幻莫测的，也是模棱两可的，正如往常焦虑发作时的感觉一样。

但这些感觉本身并非焦虑的根本特征，它们也完全有可能以同样的方式出现在一切与事实有关的巨大危险中，以及面对危险真实产生的绝望无助的处境中。可以想象，当人们正在亲身经历地震，当一个2岁的婴儿正在遭受暴行，和一个因为雷雨而产生焦虑的人的主观经验相比，他们的主观经验毫无不同。然而，在恐惧的情况下，危险却是真实存在的，现实决定了人们必然产生绝望无助的感觉；但在焦虑的情况下，危险感却产生于内在的心理因素，正是内在的心理因素激发和夸大了危险感，而个人的态度又决定个人必然产生绝望无助的感觉。

从这个意义上来说，可以把焦虑中的主观因素问题还原为一个更具体、更与众不同的问题：这种异常强烈的危险感和对危险绝望无助的态度产生于一种怎样的心理环境？不管怎样，心理学家们必须提出这个问题。当然，焦虑和伴随焦虑而生的生理现象，也有可能是因为身体内的化学环境激发的，但正如人们会因为体内的化学环境不同而睡眠或者亢奋一样，它们从本质上而言是不同的心理学问题。

和解决其他问题一样，弗洛伊德在解决焦虑问题的过程中也为我们指出了前进的方向，他发现我们自身的本能驱力是焦虑的主观因素。换言之，通过焦虑预估有可能会发生的危险，以及对此绝望无助的感觉，都产生于我们自身冲动的爆炸性力量。

从原则上来说，只要这种冲动的发现和执着于冲动的劲头损害了其他生存利益和需要，只要这种冲动本身就是极富热情的、无法遏制的，那么所有冲动都具有潜在力量，能够激发焦虑。在诸如维多利亚时代等性禁忌非常明确且异常严厉的时代里，一旦屈服于性冲动，就代表着会招致真实的危险发生。例如，一个未婚少女屈服于性冲动，就不得不承受良心的谴责，也要面对社会耻辱的现实危险；有些人屈服于手淫癖好，就不得不承受阉割的威胁、严重的身体伤害和精神疾病的征兆等真实危险。如今，对于各种异常的性冲动，又如恋童癖和暴露癖等，这一点也是同样适用的。但现在人们对于正常的性冲动越来越宽容。在这样的情况下，无论是在内心接受这些性冲动的存在，还是采取实际行动满足性冲动的需求，都不会导致自己陷入极端危险的境遇中。所以，对于性，我们没有什么实际理由为此惴惴不安。

正因为与性有关的文化态度发生了变化，才引发了下面的事实，即根据经验，我认为，必须在很特殊的情况下，这样的性冲动才是隐身于焦虑的动力。这种说法也许涉嫌夸张，因为仅从表面看来，焦虑的确与性欲有所关联。我们经常会在神经症患者身上发现与性关系有关的焦虑，或者发现有些神经症患者因为焦虑而抑制性欲。但在进入更深入的分析之后，我们却发现性冲动并非焦虑的根源，与性冲动如同孪生兄弟的敌对冲动才是焦虑的根源，例如通过性行为侮辱和伤害对方等。

其实，种种敌对冲动都是神经症焦虑产生的重要根源。这种新提法听上去很像是从个别正确的事例中得出的不正确结论。我对此表示担心。但我并非以这些事例作为唯一根据提出新提法的，虽然我们从中能够发现敌对倾向与孕育它的焦虑之间有着直接联系。大家都知道，如果某种严重的敌对冲动将会挫败自己的目标，那么它将会直接导致焦虑产生。为了说明很多情况都与此类似，我们需要举一个简单的例子。F先生和M小姐结伴去山里进行徒步旅行，F先生很爱M小姐，但他总是无缘无故吃醋，还会在瞬间对她产生一种近乎失控的恼火和恨意。当和M小姐并肩走在一条非常险峻的小道上时，他猛然之间产生了一种强烈的焦虑，与此同时，他的呼吸越来越沉重，他的心跳越来越急促，他意识到他产生了一种冲动，想推M小姐跌落悬崖。这种焦虑的结构和产生于性欲的焦虑的结构是相同的,与焦虑相关的冲动都令人无法抗拒。当人屈服于这种冲动,就会给自己带来灭顶之灾。

但是,在绝大多数人身上,敌意与病态焦虑的因果联系很不明显。所以,必须更加详细地考察因为压抑敌意产生的心理后果,才能说明在我们时代的神经症中,敌意正是导致焦虑产生的重要心理力量。

压抑敌意的目的在于掩饰焦虑,"伪装"一切正常,这样就会在本应进入战斗状态或者至少在我们想要进入战斗状态时,避免进入战斗状态。基于这一点,神经症患者产生了一种没有设防的感觉,更准确地说,是因此强化了固有的未设防感,这是压抑的第一个无法避免的结果。当一个人的利益真正受到侵犯时,如果压抑敌意,就会给他人以可乘之机。

化学家C的亲身经历,是日常生活中的此类现象的典型代表。因为工作过于疲劳,C患有神经衰弱。他天赋异禀,有着雄心壮志,但是他自己对此却没有意识到。因为某些不易于明说的原因,他压抑野心,始终表现得非常谦和。有一天,他进入一家大型化学公司的实验室,一个年纪比他略大、职位比他略高的同事G一直在友好地对待他,小心地保护他。C因为各种个人因素,例如过度依赖友情,不敢以评判性的眼光观察别人,C始终没有意识到自己是有野心的,所以也就没有意识到他人是有野心的。对于G的友情,C当然很愿意接受,他并没有发现G只关心自己的事业和前途,对其他事情一概漠不关心。有一次,C在与G

交谈的过程中，把自己的一个有可能成为发明的想法告诉了G，他万万没想到的是，G居然把C的这个想法作为自己的想法写入了学术报告。发生了这样的事情，C虽然非常惊讶，但他并没有斤斤计较。在那一瞬间，C的确怀疑G别有用心，与此同时，C也因为自己的野心产生了强烈的敌意。结果，他不仅马上压制了这种敌意，而且压制了由此产生的怀疑与沉重的态度。因此，他选择继续相信G，并且把G当成自己最好的朋友。当G劝说C不要继续进行某项研究时，C毫不怀疑G是出于好心；当G盗窃了C的好想法实现了某项发明时，C也只是认为和自己相比G有更好的天赋和更多的才能。他甚至自惭形秽地认为自己不能与G媲美，还为自己拥有G这样的朋友感到骄傲。正是因为压抑了自己的愤怒和怀疑，C始终无法发现在很多非常重要的问题上与其说G是他的朋友，不如说G是他的敌人。C固执地认为G很喜欢自己，而且把自己当朋友，正是这种错觉使C放弃了为维护自己的利益而战斗做好准备。他甚至没有意识到别人正在侵犯对

他而言至关重要的利益，所以也就不会为了维护自己的利益而战斗。最终，他只能软弱地任人宰割，也任由他人通过侵犯他的利益不劳而获。

神经症患者既可以以压抑作用克服恐惧，也可以自觉地控制敌意，从而达到克服敌意的目的。然而，一个人根本无法决定自己是控制还是压抑恐惧，因为压抑是一种类似条件反射的过程。必须在特殊处境中，当意识到自己充满敌意直到自己都无法忍受时，才会发生压抑。在这样的情况下，自觉控制的可能性也就彻底消失了。那么，为什么针对敌意的自觉意识会让自己都无法容忍呢？主要是因为人可以一边憎恨某人，一边爱着某人或者需要某人；也可能是因为人不愿意面对是占有欲或者妒忌导致产生敌意的；还可能是因为人害怕承认自己对他人怀有敌意。这时，当事人所能采取的最简便、最迅速的方式就是压抑，压抑作用能够帮助他们获得暂时保障。其实，是使人恐惧的敌意从意识中消失了，或者意识把使人恐惧的敌意阻挡在自身之外了。我愿意换一种方式再次重申这个意思，因为这句话哪怕非常简单，在精神分析领域中，也很少有人真正懂得这句话，即"如果压抑敌意，人就不会意识到他的心中怀有敌意"。

但是，从长远的角度看，这种获得保障的便捷方式未必是最安全的。通过压抑过程，我们虽然把敌意——也可以称为愤怒，这个词语能够突出它的动力特征——赶出了意识领域，但是并没有真正消除敌意。敌意产生于个体人格的正常结构，是其裂变出来的，因而处于失控的状态。作为一种具有突发性和强烈爆炸性的情感，敌意在个人内心中持续地旋转，并且具有发泄的倾向。这种情感因为受到压抑，所以具有极大的爆炸性，这是因为它隔绝于人格的其他部分，拥有了更加广泛且常常使人震惊的势力范围。

无疑，当人意识到自身怀有敌意，敌意的涵盖范围就会在以下两个方面受到限制。一方面，在特定处境中考虑自身所处的环境，使神经症患者更加清楚自己对于敌人或者所谓的敌人能做什么以及不能做什么；另一方面，如果这种愤怒的对象在其他方面是他所喜欢、崇拜和需要的人，那么他早晚会把这种愤怒整合到自身的整体情感中。当人形成了自己应该做什么，不应该做什么的意识，那么无论他的人格是怎样的，都会限制他的敌对冲动。

但是，如果压抑这种愤怒，那么就会切断通往这些限制的可能性，这么做的后果是敌对冲动同时从外部和内部突破这些限制。如果上文所说的那位化学家服从自己的敌对冲动，他就会向别人揭发G是如何滥用他们之间的友谊的；或者暗示他的上司G剽窃了他的想法，并且命令他中断相关的研究。但是，因为他压抑了自身的愤怒，所以愤怒渐渐地弥散了，正如它也许会进入他的梦境一样。极有可能的是，在梦境中，他会以某种象征性方式成为一个备受推崇和尊重的天才，或者成为一个杀人犯，和他截然不同的是，其他人都将狼狈不堪，威风全无。

随着时间的流逝，在这种分化作用下，被压抑的敌意会经过外部途径渐渐得到强化。例如，一个高级职员因为他的上司擅自做主进行了某些安排，因而心生不满，心怀怨恨，但他成功地压抑了怨恨，从不表示反对或者抗议。这将导致上司继续骑在他的头上作威作福，而他也必然继续产生新的怨恨。

压抑敌意还会导致一个后果，即当事人在内心深处记住这种具有高度爆炸性的、不受控制的情感。我们必须先考虑一个与此相关的问题，才能讨论这个后果。仅从字面意思上看，压抑一种冲动或者情感的结果是，个人不再意识自身具有这种情感或冲动，因而在自觉意识中，他对于任何针对他人的敌对感情都是毫无意识的。既然这样，我们为何说他将会在内心深处"记录"这种受到压抑的情感呢？答案是在意识与无意识之间，无法进行严格的、非黑即白的选择和划分，仅仅存在和沙利文在一次演讲中提及的很多意识等级。受到压抑的冲动依然继续发挥作用，而且，在更深的意识层面上，个人对于它的存在是有所觉察的。和我们意识到的相比，我们对自己的观察是更好的，这就和我们对他人的观察是一样的，和我们意识到的相比，我们对他人的观察也是更好的。举例而言，我们对他人的第一印象常常至关重要，而且具有更高的正确度，但我们也许有充分的理由忽视对这个方面的观察。为了避免再三解释，我用"记录"这个词语专指我们对内心发生的事情心知肚明，但是与此同时，我们又对此缺乏自觉意识。

通常情况下，只要敌意或者敌意对其他利益具有足够强大的潜在危险，那么压抑敌意产生的后果足以导致焦虑。忐忑不安的状态，也许正是以这种方式建立的。然而，这个过程通常不会到此为止，因为人有一种非常迫切的需要，想要彻底消除这种源自内心且对自身利益与安全形成威胁的情感。在这个前提下，第二种类似反射的过程就产生了，即个体把自身的敌对冲动投射于外部世界。第一种"伪装"是压抑作用，必须以第二种伪装作为补充：他"伪装"这种破坏性冲动并非源于自己，而是源于外部世界的某些事物或者某些个人。从逻辑的角度进行分析，敌对冲动投射的对象正是它们针对的对象。这直接导致被投射的人拥有了投射者心中令人恐惧的成分。这一则是因为投射者把自身压抑的敌对冲动特有的残酷特性，赋予了被投射的人，二则是因为在一切危险中，这种效应的程度既取决于具体环境，也取决于人对自身所处环境持有的态度。人的防御能力越低，所面临的危险就越大。

投射作用还有一个次要功能，即服务于自我辩解的需要。我并非故意欺骗、偷盗、剥削、欺辱他人，而是别人故意欺骗、偷盗、剥削和欺辱我。一个女人不知道自己已经产生了一种毁灭丈夫的冲动，甚至在主观意识上依然深信自己最爱丈夫。因为这种投射机制，她极有可能认为丈夫是一头猛兽，试图伤害她。

投射作用也许会得到另一种心理过程的支持，这种心理过程具有与投射作用相同的目的。在这种情况下，被压抑的冲动会被一种对报复的恐惧死死抓住。一个人如果试图伤害、欺骗他人，就会害怕遭到他人同样的对待。虽然我不想回答这种报复恐惧到底在多大程度上是人性中盘根错节的共性，到底在多大程度上产生于人通过犯罪和惩罚积累的原始经验，到底在多大程度上不得不提前假设一种报复冲动作为必要前提。但无疑在神经症患者的内心世界里，这种报复恐惧发挥着极大作用。

这些被压抑的敌意形成的心理过程，使得产生焦虑情绪成为必然结果。其实，由压抑形成的心理状态，正是具有代表性的焦虑状态，即因为感受到来自外界的强大危险，所以萌生出一种没有防御能力的不安感。

虽然从原则上来说形成焦虑的步骤是非常简单的，但在现实中,我们很难理解焦虑的产生。这是因为有一个复杂的因素正在发挥作用:被压抑的敌对冲动通常投射到其他事物上,而不会投射到真正与之密切相关的人身上。例如,弗洛伊德有一个病例,病例中的小汉斯形成了对白马的焦虑,而没有形成对父母的焦虑。我有一个病例,病例中的妻子因为压抑了对丈夫的敌意,而很突然地形成的一种关于游泳池中水爬虫的焦虑。仿佛包括从微生物到电闪雷鸣的所有东西,都能成为焦虑依附的对象。这种把焦虑从与焦虑密切相关者身上剥离的倾向,具有显而易见的原因。如果这种焦虑的对象是丈夫、父母、朋友或者其他关系亲密者,那么拥有这种敌意就会使人感到违背了权威,违背了爱情,违背了赞赏朋友的现实关系。在这样的情况下,从根本上拒绝承认敌意存在,显然是最有效的方法。压抑自己的敌意,就相当于不承认自己身上存在任何敌意;把自己被压抑的敌意投射给诸如雷雨等其他事物,就相当于否认在他人身上有任何敌意。这是不折不扣的鸵鸟政策,恰恰很多幸福的婚姻都是以鸵鸟政策为基础才能形成错觉的。

压抑敌意必然导致焦虑产生,这样的说法固然正确,却不代表只要发生这种过程,就一定会有焦虑浮出水面。我们还可以借助于已经讨论过或者即将讨论的某一种保护机制,迅速地转移焦虑。当个人置身于这样的处境中,很有可能借助于这样的手段实行自保,例如反常地对睡眠和饮酒产生更多需求。压抑敌意的过程将会产生各种不同形式的焦虑。为了更深入地理解各种结果,我将一一列举出各种不同的可能性。

A. 感到危险来自自身的内部冲动。

B. 感到危险来自外部世界。

从压抑敌意产生的结果进行分析,A组仿佛直接产生于压抑作用,B组则产生于投射作用。可以继续对A组和B组进行划分,使其成为两个亚组。

(1)感到危险指向自己。

(2)感到危险指向他人。

如此一来,我们就得到了四种焦虑类型。

A(1)感到危险是产生于自身内部的冲动,并且直接指向自己。在这种类型中,敌意会持续地发展直到转向反对自己,我们将在下文讨论这个过程。

例证:因为无法控制自己想从高处跳下的冲动而感到恐惧。

A(2)感到危险是产生于自身内部的冲动,并且直接指向他人。

例证:因为无法控制自己总是想拿刀伤人,因而感到恐惧。

B(1)感到危险是产生于外部世界的,并且针对自己。

例证：恐惧电闪雷鸣。

B（2）感到危险是产生于外部世界的，并且针对他人。

在这种类型中，神经症患者会把敌意投射到外部世界，但是，敌意针对的最初对象依然存在。

例证：过度忧虑孩子的妈妈，对各种威胁到孩子安全的危险感到焦虑。

无须多言，这种分类只有有限的价值。它对于提供一种迅速的判断或许有用，但无法揭示所有可能发生的例外情况。例如，我们就不能因此得出结论：产生A型焦虑的人绝不会投射他们被压抑的敌意到外部世界的人或者物上；我们只能据此进行推测，在这种特殊形式的焦虑中，暂时还没有发生投射作用。

敌意与焦虑的关系不仅限于敌意激发焦虑。换一种方式，同样能够激发这个过程：当焦虑以一种被威胁的感觉作为基础时，它轻而易举地就能调整成自卫的形式，因而产生一种反应性敌意。从这个方面来看，焦虑与恐惧是一样的，因为恐惧也具有攻击性。如果压抑反应性敌意，就会产生焦虑，这样形成了一个闭循环。敌意与焦虑的相互作用常常表现为一方激发和强化了另一方。因此，对于我们为什么会在神经症中发现数量庞大的残酷敌意也就不难解释了。这种交互影响也在根源上对严重的神经症为何常常在没有任何明显的外界负面条件的情况下越来越恶化进行了说明。在焦虑和敌意之间，到底哪个因素是最初出现的，这一点并不重要；对于神经症动力学而言，明确焦虑与敌意密不可分，彼此交织，这才是最重要的。

总体而言，我所阐述的这种焦虑概念是以精神分析的方法作为基本依据形成的。它以无意识力量、压抑作用、投射作用等原动力作为基础，才能发挥作用。但如果我们更深入地研究细节，就会发现它在很多方面都与弗洛伊德的立场是不同的。

关于焦虑，弗洛伊德曾经接连提出两种观点。第一种观点，简要地说，即焦虑产生于压抑的冲动。这只与性冲动有关系，所以属于纯粹生理学的解释，因为它是以如下所述的信念作为依据的，即如果性能量在被阻碍的情况下无法得到发泄，它就会在人体内部产生一种生理紧张，这种生理紧张最终将会转变为焦虑。第二种观点，焦虑或者他所说的神经症焦虑，产生于一些冲动的恐惧，因为发现和放纵这些冲动必然招致来自外部世界的危险。第二种观点也属于生理学解释，但不仅与性冲动有关，也与攻击冲动密切相关。在从这个角度解释焦虑的过程中，弗洛伊德并没有提起压抑或者不压抑冲动，而只是提起了这些冲动的恐惧，因为放纵这些冲动将会招致来自外部世界的危险。

我是依据如下信念才提出焦虑概念的，即为了完整地理解焦虑，必须有机综合弗洛伊德的两种观点。为此，我使第一种观点脱离纯粹的生理学基础，又把第一种观点与第二种观点相结合。如此一来，焦虑就并非主要产生于对冲动的恐惧，而是主要产生于对被压抑的冲动的恐惧。我认为，弗洛伊德之所以没能娴熟地运用他的第一种思想，是因为虽然这种思想的建立是以心理学的精心观察为基础的，但是他却从生理学的角度解释了这种思想，而没有提出相关的心理学问题，即如果一个人压抑了某种冲动，在他的内心世界是否会产生某种心理后果。

从理论的角度来说，我对弗洛伊德的第二点不同意见不敢苟同，但是从实践的角度来说，它却是非常重要的。我完全赞同他的观点，即只要放纵冲动会招致来自外部世界的危险，那么任何冲动都可能导致产生焦虑。性冲动当然包括在其中，但是必须在个人和社会设置严厉禁忌限制这些冲动的前提下，这些冲动才会变得危险。从这种观点出发，焦虑产生于性冲动的概率在极大程度上取决于现存文化对性持有怎样的态度。有人说性是焦虑的特殊来源，我对此持反对态度。然而，我很确信在敌意中，更准确地说，是在被压抑的敌对冲动中，存在着产生焦虑的特殊来源。对于我在本章表述的思想，简而言之，即不管什么时候，我只要发现焦虑或者焦虑的蛛丝马迹，就会马上问自己到底伤害了一个怎样的敏感点，才会导致产生了敌意？又是什么原因使我们必须压抑这种敌意？凭着自身的经验，我努力探索相关的方向，相信一定能够更令人满意地理解焦虑。

我与弗洛伊德的第三点区别在于，他假设的焦虑只是发生在童年时期，出生焦虑和阉割恐惧是这种焦虑的起源，后来继发的焦虑都是童年时期的各种幼稚反应作为基础的。"无疑，我们口中所谓的神经症患者对待危险的态度，一直停滞于幼儿状态，所以永远不会成熟到脱离已经成为历史的焦虑状态。"

我们需要对这个解释中包含的各个要素进行考察。弗洛伊德断定，所有人在童年时期都很容易产生焦虑反应，这个理论有充分的、便于理解的理由，即使相比之下，儿童对于各种负面的影响是非常无力的，所以这个理论是毋庸置疑的。其实，在性格神经症中，我们常常发现童年时期的确是焦虑的萌芽时期或者起点，或者至少我认为早在童年时期就已经埋下了基本焦虑的种子。然而，除此之外，弗洛伊德还认为成年神经症患者的焦虑与刚开始产生焦虑的诸多条件是密切相关的。这就表明，例如，和小男孩子一样，成年男子也会因为产生阉割恐惧而陷入苦恼之中，虽然他表现苦难的方式与小男孩略有不同。无疑，在很多真实存在的罕见病例中，在适当的条件下，幼年的焦虑反应会以固有的形式，再次出现在未来的生活中。然而，通常情况下，我们发现这种重现不是重演，而是发展。在一些病例中，我们可以借助于分析的方式完整地理解神经症的形成；我们将会发现，从初始阶段的焦虑到成年的怪癖，期间有一条持续的反应链。所以，焦虑和与其他因素包含着发生在童年时期的特殊冲突，但作为整体，焦虑并非幼稚的反应。如果认为焦虑是稚拙的反应，我们就会把两种截然不同的事情混淆起来，即把所有产生于童年时期的态度，都误以为是稚拙的态度。如果我们有充足且正当的理由认为焦虑是一种稚拙的反应，那么，我们也会有同样充足且正当的理由认为焦虑是儿童身上过早成熟的成人态度。

第七章

神经症的
基本结构

从现实存在的冲突情境中，焦虑可以得到完整的说明和解释。但如果我们在性格神经症中发现了适合产生焦虑的情境，我们就必须对预先存在的焦虑进行思考，这样才能说明为何敌意正巧产生于那个特定的时刻，并且受到压抑。这样一来，我们会发现，正是此前已经存在的敌意才会导致产生这种预先存在的焦虑，这就陷入了无休无止的循环中。为了深入了解整个发展过程中的开始阶段，我们必须追溯到童年时期。

我通常不会讨论童年时期的经验问题，这里只是罕见的一个例外而已。和精神分析相关的一些文献比起来，在这本书中，我极少对童年时期的经历进行讨论，这并非因为我不像其他精神分析专家把童年时期的经验想象得非常重要，而是因为我讨论的重点不是童年时代的经验，而是神经症人格的实际结构。

在对很多神经症患者的童年经历进行考察之后，我发现他们有一个共同点，即都处在如下所述的特殊环境中。这种环境不同程度地表现出下面的诸多特征。

因为缺乏真正的温暖和关爱，所以导致基本品质非常邪恶。在很大程度上，儿童只要在内心深处感受到自己是被爱的，也是被需要的，那么他就可以忍受通常意义上的所谓创伤，例如，突如其来的断奶、性体验、偶尔发生的打骂等。无须多言，儿童可以敏锐地感觉出别人对他的爱是否足够真诚，任何虚伪的表示都绝对无法欺骗他。儿童缺乏足够的温暖和关爱，是因为他的父母患有神经症，所以无法给予他温暖和关心。根据经验，我认为更屡见不鲜的情况是：父母们自称他们全心全意为孩子的利益着想，所以会掩盖这种爱的缺乏。教育学理论一针见血地提出了一个观点，即一位"理想"妈妈溺爱孩子，总是抱有自我牺牲的态度，将会直接导致缺乏温暖和关爱的家庭气氛。和任何其他东西比起来，这种环境更容易在儿童心中埋下一颗种子，使儿童在未来感到极其不安。

我们还有一个发现，即父母们的很多态度或者行动，只会激发起孩子内心深处的敌意。例如，父母会偏爱某些孩子，不公平地责骂某些孩子；父母有时溺爱孩子，有对又恨不得把孩子推得远远的；父母的情绪瞬息万变，喜怒无常；父母不愿意对孩子兑现承诺等。对于孩子各种迫切想要实现的愿望，父母的态度也有很大的转变，一开始是暂时不予考虑，后来是持续地横加干涉。又如，干涉孩子结交朋友；对孩子的独立思考不屑一顾，挖苦嘲讽；不支持孩子发展自身的兴趣爱好，无论孩子的兴趣爱好是体育上的、艺术上的，还是机械上的。总而言之，父母哪怕只是无意间表现出这样的态度，也依然会残酷地摧毁孩子的意志。

在对使儿童产生敌对心理的各种因素进行讨论时，精神分析的文献更加侧重强调儿童的愿望受到挫折，尤其是关于性的愿望受到挫折，以及儿童的嫉妒心理。也许正是因为我们的文化对普通的快乐，尤其是对儿童性欲持有声色俱厉的态度，所以儿童才会产生部分敌对心理。无论儿童性欲与对性感到好奇、手淫有关，还是与和其他孩子一起进行的性游戏有关。可以肯定的是，挫折并非导致反叛性敌对心理的唯一原因。只要认真观察，就会得出结论：和成人一样，在相当程度上，儿童也能够接受挫折和剥夺，前提是他们相信这种剥夺是正当合理的，是公平公正的，是目的明确且有必要的。例如，只要父母不过度强调，不用狡猾或者残酷的手段强制孩子，对于父母进行的爱清洁讲卫生教育，孩子是不会反对和抗拒的。同样的道理，只要确定自己是被爱的，只要认为父母的惩罚是公平公正的，而非故意伤害或者侮辱他们，对于父母偶尔的惩罚，孩子也不会反对。我们很难判定挫折到底会不会激发敌意，因为很多其他能够诱发敌意的因素也往往存在于给孩子造成很多挫折的同一环境中。其实，挫折本身并非最重要的。

我之所以提出这个观点，是因为很多父母都因为过分强调挫折的危险而产生了一种观念，在这种观点的影响下，他们从来不敢干涉孩子，生怕干涉会使孩子受到伤害。

显而易见，无论是在孩子身上，还是在成人身上，仇恨都产生于人们内心深处根深蒂固的嫉妒。我们确信不疑：在神经质儿童身上，父母之中某一方的嫉妒和兄弟姐妹之间的嫉妒都会产生很大的作用，这种态度将会持久地影响神经质儿童未来的生活。但我们依然产生了疑问：这样的嫉妒心理产生于怎样的环境条件下呢？不管是在兄弟竞争中，还是在俄狄浦斯情结中，我们都发现了这些嫉妒反应。那么，这些嫉妒反应必然会发生在所有儿童身上吗？或者，只有某些特定的环境条件才会激发这些嫉妒反应吗？

弗洛伊德以神经症患者作为对象，对俄狄浦斯情结进行了长期细致且深入的观察。通过观察这些患者，他发现当强烈的嫉妒反应与爸爸或者妈妈有关时，是极具破坏性的，足以导致恐惧。此外，这种反应极有可能持久地干扰和影响性格形成和个人关系。因为持续地从神经症患者身上观察到这种现象，他就假定这个现象是广泛发生的。他不但在想象中认为俄狄浦斯情结是神经症的根源，而且试图以这个观点作为基础对其他文化中的情结现象进行深入理解。但我们有理由怀疑这种概括性结论。在我们的文化中，在父母与孩子的关系中，以及在兄弟姐妹的关系中，的确很容易出现某些嫉妒心理，这与所有亲密生活在一起的团体中很容易出现某种嫉妒心理是同样的道理。但是，没有证据表明在我们的文化中真的有和弗洛伊德设想的那样普遍存在具有破坏性和持续性的嫉妒心理。每当提起俄狄浦斯情结，或者提起兄弟之间的竞争时，我们就会想到这些。在其他文化中，当然也不会普遍存在这种嫉妒心理。总体而言，虽然这些嫉妒心理是一种人类反应，但是儿童的嫉妒心理是由他所生活的文化氛围催生出来的。

对于嫉妒心理而言，到底哪一种因素应该负起主要责任呢？继续阅读本书，我们将讨论病态嫉妒的普通内涵，以此弄明白这个问题。在这里，我们只需要明确**缺乏温暖和鼓励竞争**将会直接导致这个结果。此外，还必须指出很多患有神经症的父母都对自己的生活极其不满，也会制造出这种环境气氛。因为没有令人满意的性关系和情感关系，他们往往会把孩子作为爱的对象，因而把自己对爱的所有需求都倾倒在孩子身上。这种爱的表达未必带有性色彩，但是无论如何，它都有高度的情感内涵。我不确定，在父母与孩子的关系中潜藏的性欲，是否会强大得足以导致潜藏的心理紊乱。无论怎样，我知道的一切病例都是患有神经症的父母采取温柔和恐吓的方式，迫使孩子沉浸在对父母的强烈依恋之中，从而具有了弗洛伊德提及的嫉妒心、占有欲等所有情感内涵。

一般情况下，我们都对这一点深信不疑，即对于正处于成长和发育期的儿童而言，承受家庭或者家庭中某一位成员的敌对态度是很不幸的。毫无疑问，如果子女必须反抗患神经症父母的各种行为，这真的很不幸；但如果孩子拥有充分理由反对，那么对这种抗议的压抑将会极大程度危及儿童性格，相比之下，感受或者表示抗议本身对儿童的危害程度并没有那么大。压抑抗议、批评和谴责将会产生很多危险，危险之一就是儿童极有可能把全部谴责都强加于自身，为此，他们认为自己不配得到他人的爱。对于这种情况的内涵，我们将在后文进行阐述。总之，我们在这里有可能面对的危险是被压抑的敌意也许会产生焦虑，并且因此开始我们在前文讨论的发展历程。

在这种环境气氛中成长的孩子为什么会压抑自己的敌对心理呢？这有很多原因。这些原因以不同的组合方式，在不同的程度上发挥作用。这些原因分别是绝望无助的感觉、恐惧、爱与犯罪感等。

儿童的绝望无助感通常被认为是一种生物学事实。从现实的角度来说，儿童在未来很长时期内都必须依赖周围的环境，才能满足自身的各种需要，这是因为和成年人比起来，他既没有强健的体魄，也没有丰富的经验。但即便如此，我们依然过于强调这个问题的生物学意义了。在两三岁之后，儿童的依赖性将会呈现出一种起到决定作用的变化：原本占据压倒性优势的生物性依赖，渐渐地转变为包括智力、心理和精神生活的依赖。这一过程很漫长，将会持续到儿童成熟，一直到青春期可以独立生活才结束。在这个过程中，虽然对于不同的儿童而言，他们继续依赖父母的程度是不同的，但这一切取决于父母在教育孩子的过程中对孩子怀有的期望，取决于父母是倾向于保护孩子，让孩子变得更加听话顺从，在20岁之前甚至更晚的时间里始终对实际生活保持彻底无知、天真幼稚的状态，还是倾向让孩子变得更加强壮、独立自信、勇敢坚强、有能力应付不同的处境。成长于这种不良环境的儿童，因为被恐吓，因为得到溺爱，因为一直处于感情上的依赖状态，所以他们绝望无助、孤立无援的感觉往往被人为地强化了。孩子越是感到绝望无助，越是不敢产生反抗的念头，更不敢表现出任何反抗行为，所以这种反抗心理就会持续更长的时间。在这种情况下，儿童潜藏于内心深处的感情，或者说是儿童心中信奉的格言，即因为我需要你，所以我不得不压抑我对你的敌意。

威胁、严令禁止、惩罚，以及孩子目睹歇斯底里等狂暴场面，都能够直接导致产生恐惧。此外，间接的恐吓也会导致产生恐惧，例如让孩子对生活中诸如病菌、川流不息的车辆、陌生人、野孩子、爬树等各种危险印象深刻。孩子越是为此而担忧和害怕，越是不敢表现出甚至不敢感觉到敌意的存在。在这种情况下，孩子信奉的格言是：我必须压抑自己对你的敌意，因为我很怕你。

爱也许会成为压抑敌意的另一个原因。当父母对孩子缺乏真诚的爱时，他们就会在口头上反复强调他们是怎样爱孩子的，又是怎样心甘情愿地为孩子付出心血的。当孩子处于这样的环境中，与此同时又持续受到恐吓，就更是会死死地抓住这种爱的代替品，不敢产生任何反抗心理，唯恐因此失去当乖孩子的机会，也失去相应的奖赏。在这样的情况下，孩子信奉的格言是：我不想失去爱，所以必须压抑自己的敌意。

截至目前，我们针对导致孩子压抑对父母敌意的各种处境进行了讨论，也得出了相关的结论，即孩子非常害怕，因为以任何形式表现出来的敌意都可能破坏他与父母之间的关系。在这种恐惧心理的驱使下，他生怕父母——拥有无穷力量的巨人会彻底抛弃他，会收回给予他的仁慈，甚至开始反对他。此外，在我们的文化中，总是教育孩子因为自己的任何敌对感和任何反抗表现而深感内疚，有些孩子甚至认为这是罪孽的表现。换言之，在长此以往的教育中，他们已经成为这样的固定模式：如果他感觉到或者表现出对父母的反感，如果他违反了父母指定的规章制度，他就会认为自己下流可耻，一文不值。这两种导致产生犯罪感的原因是密切相关的。当孩子被教育得因为逾越禁区就认为自己罪孽深重，他就更是不敢责怪父母或者怨恨父母。

在我们的文化中，性领域正是这样的禁区，在性领域中，犯罪感被频繁地激发出来。无论是通过能够感觉到的沉默表现出性教育的各种禁令，还是通过公开惩罚和威胁的方式表现出性教育的各种禁令，孩子们都将始终感觉到：对性的好奇和性的活动都是受到严令禁止的。此外，如果他沉迷于这种好奇和性活动，那么他就是肮脏卑劣的。如果孩子的内心产生了与爸爸或者妈妈有关的性愿望和性幻想，那么，即使孩子因为日常的性禁忌态度而没有公开表现，也依然会觉得自己犯下了深重的罪孽。在这样的情况下，孩子信奉的格言是：如果我感觉到自己产生了敌对心理，我就是个坏孩子，所以我必须压抑敌意。

上文所述的所有因素都可以以不同的组合方式进行组合，并且使孩子压抑自身的敌意，最终导致焦虑的产生。

然而，难道所有幼年焦虑都必然导致一种神经症吗？以我们当下的认识水平，还不能圆满地回答这个问题。我个人认为，在神经症的形成过程中，幼年焦虑是一种必不可少的因素，但并非充分原因。有利的环境，例如尽早地改变周围的不良环境，或者通过不同的形式抵消不利因素的负面影响，仿佛都能有效地预防某种特定的神经症。但是，正如经常发生的事实一样，如果生活环境中依然存在很多焦虑，那么这种焦虑就会长久地持续下去，而且就像我们在本书后半部分即将了解的那样，这种焦虑还必然持续增加，最终推动所有足以构成神经症的内在过程。

在所有那些也许会对幼年焦虑的进一步发展产生影响作用的因素中，我必须对其中某一种因素进行深入考虑。敌意与焦虑的反应，到底是会发展成一种以所有人为对象的敌意与焦虑呢？还是会被局限于迫使儿童产生敌意与焦虑的环境中呢？这两者有着极大不同。

例如，有个孩子特别幸运，不但拥有慈爱的祖母，还拥有善于理解的教师，更是拥有很多好朋友。当他和这些友善的人相处时，就能避免产生一种错误的观点，即所有人都是居心叵测的坏人。但随着在家庭中的处境变得越来越困难，他不但会轻易地形成对兄弟姐妹和父母的仇恨心理，而且会对所有人都产生不信任感和怀恨在心的态度。当孩子与他人隔绝，无法拓展自己的人生经验，他就很容易发展成这个样子。最后，孩子越是极力掩饰对家庭的嫉恨，再如故意顺从父母，就越是会把自身的焦虑投射给外部世界，因此，他错误地认为整个世界遍布危险，令人恐惧。

这种一般性存在于外部世界中，将会持续地发展和增长。如果一个孩子在上文提到的环境气氛中成长，那么在与同龄人交往的过程中就会畏缩胆怯，不敢像其他孩子一样表现出进取心和好斗的心理特点。每个人的自信心来自被人需要的极致幸福，遗憾的是，他没有这样的自信心，甚至会把别人无心的玩笑当成是冷漠残酷的抗拒和攻击。和其他孩子相比，他更容易受到伤害，也常常觉得屈辱，总之，他无法保护自己。

我上文提及的这些因素导致的状况，或者因为相似的各种因素导致的状况，是一种在心灵世界里持续增长的、四处蔓延并且强力渗透的孤独感，以及因为身处敌对世界而产生的绝望无助感。这种棱角分明的个人反应是基于个人环境因素做出的，会渐渐地凝固并且具体化为一种性格态度。这种性格态度不能构成神经症，但它就像是一块肥沃的土壤，在它的怀抱里，随时都有可能生长出一种特别的神经症。在神经症中，这种态度起到了根本性的作用，因此我赋予它一个名字，叫作基本焦虑。基本焦虑和基本敌意密切交织，不可分割。

在精神分析的过程中，在研究焦虑的所有个人形式之后，我们发现了一个事实，即基本焦虑隐藏在我们与他人之间所有关系的背后，是我们与他人之间所有关系的基础。实际的原因有可能激发个人的各种焦虑，但即使在实际处境中不含有任何特殊刺激的情况下，基本焦虑也依然存在。如果把神经症的整个情境和一个国家在政治上陷入的混乱状态相比，那么基本焦虑与基本敌意和政治体制隐藏的不满和抗议有着异曲同工之妙。在这样的两种情况下，表面上也许没有任何迹象，也许会有形式纷繁的各种迹象。对于国家而言，这些现象也许会以罢工、骚乱、集会、游行等方式呈现出来；同样的道理，在心理领域中，焦虑也会表现为不同形式的症状。无论与众不同的激发媒介到底是什么，焦虑的所有外在表现都发源于一个共同的背景。

单纯的情境神经症中不存在基本焦虑。情境神经症，是个体面对实际冲突性情境做出的神经症反应，在此过程中，并没有扰乱这些个体的个人关系。下文所述的事例，对于阐述心理治疗实践中时常发生的那些病例是有益的。

一位中年女性已经45岁了，她自称每到夜里就经常焦虑和心悸，而且会大量盗汗。经过检查，可以确定她不但没有任何器质性病变，而且非常健康。她心地善良，性情直爽。20年前，因为环境而非自己的原因，她嫁给了一个老男人。这个男人比她大25岁。她和新婚丈夫过着幸福快乐的生活，性需求也得到了满足，而且有了3个健康的孩子。她非常勤劳，从不偷懒，尤其擅长做家务。最近的几年时间里，大概五六年吧，她的丈夫越来越古怪，性能力有所下降。对于这一切，她选择默默承受，没有做出任何神经症反应。7个月前，她才开始感到烦恼。那时，有一个和她年龄相当、非常可爱的男人向她示爱，最重要的是，这个男人是值得托付终身的。从那以后，她开始反感年迈的丈夫。但因为她自己的心理，也因为社会背景，还因为她现在拥有比较美满的婚姻，她只能彻底压抑这种怨恨。经过有限的几次交谈，她得到了帮助，能够正确地处理好这种冲突性情境，并且真正消除了焦虑。

为了深入理解基本焦虑的重要性，以性格神经症病例中的个人反应与上文所述的单纯情境神经症进行对比，是非常好的方法。如果健康人身上出现情境神经症，那是因为一些能够理解的原因，他们无法自发地应对一种冲突性情境。换言之，他们之所以不能做出明智的决定，是因为无法正视这种冲突的存在，也无法正视这种冲突的性质。这两种类型的神经症的根本区别显而易见：情境神经症的治疗效果通常更好。在性格神经症的病例中，必须在极其艰难的情况下进行长期的治疗，有些患者甚至等不及治愈的那一天到来；但是，治疗情境神经症是更加容易的。我们之所以进行讨论，就是为了了解情境神经症。在讨论的过程中，内容不但涉及对症状的治疗，也涉及对病因的治疗。但是，在性格神经症的病例中，通过改变环境的方式消除困扰，就是针对病因进行的治疗。

所以，我们对于情境神经症形成了这样的印象，即在冲突情境和神经症反应之间有恰当的关系；然而，在性格神经症中，却没有这样的关系。对于性格神经症患者而言，因为存在固有的基本焦虑，所以哪怕是最轻微的诱发因素，也有可能导致他们产生最强烈的反应。在本书的后半部分，我们将会详细地讨论这个观点。

虽然焦虑的外显形式和为了对抗焦虑采取的防御性措施都有着极其广泛的变化，而且在不同的个体身上表现得截然不同，但不管在怎样的环境中，基本焦虑都有或多或少的相同之处，这些相同之处只是程度有所改变而已。我们可以对它进行概括性的描述，在我们的描述中，它是一种自认为非常渺小、不值一提、绝望无助、被抛弃、被威胁的感觉，使人感觉好像置身于一个世界里，而这个世界充满了欺骗、攻击、谩骂、侮辱、嫉恨和背叛等。我有一个患者，她自发地画了一幅画，这幅画给人的感觉正是如此。在这幅画中，她是一个婴儿，不但瘦小羸弱，而且特别孤独，没有依靠，甚至赤裸着身体。她坐在画面的正中间，周围有很多人、动物和妖魔鬼怪都在张牙舞爪地威胁她，攻击她。

在不同形式的精神变态中，我们发现患者对这种焦虑的存在具有高度自觉性。有些人患上了妄想狂症，所以会把这种焦虑局限于一个或者几个特定的人身上；有些人患上了精神分裂症，他们对于周围世界中潜存的敌意过度敏感，敏感的程度使他们把别人表现出的善意也当作隐藏着敌意的伪善意。

与妄想狂症和精神分裂症不同的是，神经症患者极少自觉地意识到存在这种基本焦虑或基本敌意；至少，患者对它之于整个人生的意义和重量是毫无意识的。我有一位患者在梦里发现自己变成了一只小老鼠。为了避免被人踩踏，她每天都只能躲在山洞里，这正是对她真实生活的写照。但是，她并没有联想到她害怕所有人，她居然自认为不知道何为焦虑。很多人都以一种流于表面的信念掩饰自己怀疑所有人的基本敌意，这种信念就是相信大多数人都是可爱的。这种信念可以和一种在表面上敷衍他人，与他人和谐共处的态度同时存在，还可以用随时称赞别人的方式，伪装出那种对所有人都不屑一顾的基本敌意。

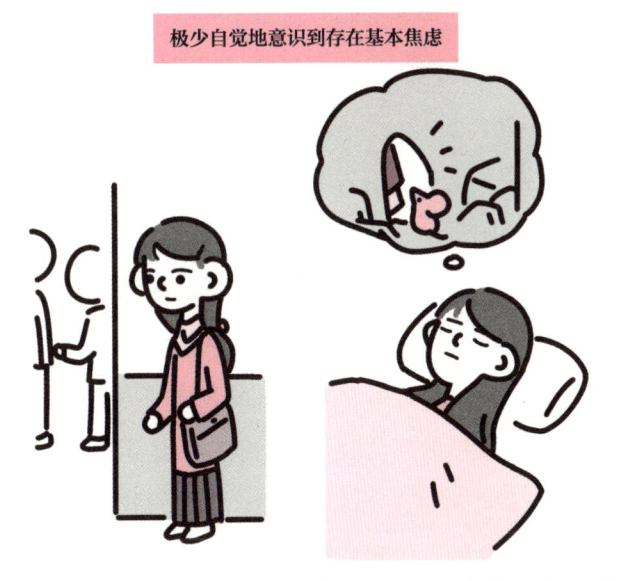

极少自觉地意识到存在基本焦虑

虽然基本焦虑的对象是人，但是它可以丧失一切人格特征，变成一种受到政治事件、狂风暴雨、病菌、灾祸和腐烂食品威胁的感觉，或者变成一种自认为命中注定、无处可逃的感觉。对一个接受过大量相关训练的观察者而言，很容易就能发现这些态度的隐藏问题。但是，对于神经症患者而言，我们必须进行大量细致的精神分析工作，他们才能意识到他的焦虑产生的根源是人，而非细菌；他因为他人而产生的恼怒是因为他发自内心地仇恨和不信任他人，而并不是，或者并不只是对某些现实情况做出的恰当且正确的反应。

在继续对神经症患者基本焦虑的各种内涵进行描述之前，我们必须讨论一个很多读者心中存在已久的疑问：你把这种针对他人的基本焦虑和基本敌意视为神经症的基本构成因素，但是，它不更应该是一种正常的态度吗？在每个人的心中，难道它不是秘密地或许轻微地存在吗？必须区分两种不同的观点，才能针对这个问题进行讨论。

如果"正常"这个词语表明一种普遍存在的人类态度，那么在基本焦虑与德国哲学、德国宗教提出的"生之苦恼"之间，存在一种必然的联系，这种联系是很正常的。这句话告诉我们：面对比我们更强大的力量，例如，面对疾病、衰老、死亡、自然灾害、偶然事件、政治事件等，每个人都会感到绝望无助。早在童年时期产生绝望无助的感觉时，我们就初次认识到这一点了，但最早产生于童年时期的这个认识却始终伴随着我们，也陪伴我们度过整个人生。这种"生的苦恼"和基本焦虑一样，每当面对更为强大的力量时，就会感到绝望无助，但是，人们没有发现这些力量中存在着敌意。

然而，如果"正常"的意思是对我们的文化而言是正常的，那么我们更深入地思考就会发现，在我们的文化中，如果一个人的生活没有保障，则通常的经验是使人在变得成熟时学会对他人有所保留，学会小心翼翼地提防他人，也明白其实人们的一切作为并非直接坦率的，而是受控于胆小怯懦与自私自利。如果一个人很诚实，他就会认为自己也在这个范围之内；如果一个人不诚实，那么他就会发现他人身上也存在这些问题。总之，他由此形成的态度与基本焦虑非常相似。但是，它们之间还是有区别的。例如，面对这些人类缺陷，真正身心健康、内心成熟的人不会感到绝望无助，在他身上并没有基本神经症态度中混淆黑白的倾向。对于某些人，他依然愿意付出真诚的友谊，给予对方足够的信任。我们也许应该用下述事实来解释这种区别：健康人承受了极大的不幸，能够整合这些不幸的生命时光；神经症患者却无法掌控这些不幸的年岁，所以才会绝望无助，产生焦虑的反应。

在每个人对待自己和对待他人的态度中，基本焦虑有特定的内涵，它代表着情感的孤独和隔离。在此过程中，如果还有与之伴生的自我内在软弱感，那么人们就会更加无法忍受这种情感上的孤独。它表明人们建立自信心的基础非常脆弱。它在人们的心中播下了内心冲突的种子，所以每当这时，人们一则想要依赖于他人，二则因为对他人怀有敌意和不信任感，所以无法依赖于他人。它表明人们因为内在的软弱感，产生了让他们肩负起全部责任的愿望，也产生了得到保护和照顾的愿望。但因为存在基本敌意，所以人们不愿意信任他人，因而根本不可能实现这个愿望。所以，必然产生的结局是，为了寻求安全的保障，人们必须付出大量精力。

焦虑越是让人无法忍受，就越是需要能够发挥强大作用的保护手段。在我们的文化中，人们可以使用四种重要的方式保护自己，从而对抗基本焦虑。这四种方式分别是爱、顺从、权力和退缩。

第一种保护方式是**获得一切形式的爱**，因为所有形式的爱都能够作为一种强大的手段用以对抗焦虑。这种方式的基本原理是：如果你爱我，你就不会伤害我。

第二种保护方式是**顺从**，以顺从是否与特定的个人或者制度有关，还可以更进一步划分顺从。例如，在传统观念中的标准化顺从中，在对某些特权人物或者某种宗教仪式的顺从中，就有这种特定的顺从焦点。在这个时候，所有行为的决定性动机，即服从相关法规，遵守相关要求。这种态度也许会采取"遵从命令"的形式。因为所要遵守的要求和法规不同，所以必须"遵守"的相关法规和要求也是不同的。

如果这种遵从命令的态度是独立存在的，从不依附于个人人格或者任何制度，那么它就会采取一般化的形式，表现为顺从所有人的潜在愿望，从而避免所有可能招致的敌视。在这样的情况下，一个人也许会压抑自身所有的需求，压抑他想对他人进行的批评，哪怕遭到他人的辱骂，也忍气吞声，绝不还击。与此同时，他还准备不分是非地帮助所有人。在极其偶然的情况下，他会意识到潜在的焦虑正隐藏在这些行为背后，然而，在绝大部分情况下，他们对于这个事实无知无觉，而且坚定不移地认为：他们正是因为怀有光明正大或者勇于牺牲的理想，才会这么做。这种理想非常远大，使得他们彻底放弃了自己的愿望。无论顺从采取一般的还是特定的形式，它的基本原理都是：**如果我彻底放弃自己，我就不会受到伤害。**

这种顺从态度同样能够因为爱而获得安全。如果对一个人而言爱是极其重要的，导致他必须以爱为基础建立生活安全感，那么，他就愿意不惜一切代价获得爱。正因为他坚持这个原则，所以他愿意顺从他人的愿望。但是，因为很多人都不愿意相信任何形式的爱，所以他的顺从态度是以赢得保护为目的的，而不是以赢得爱为目的的。有些人必须通过完全顺从才能获得安全感。他们的内心世界里有着强烈的焦虑，更是彻底不信任爱，所以他们才会拒绝一切爱的可能性。

第三种保护方式是**权力**。所谓权力，就是凭借获得真正的成就、权力、崇拜、占有以及智力上的优越感，赢得安全感。在这种想要得到保护的愿望中，它的基本原理是：**如果我拥有权力，那么谁都不能伤害我。**

第四种保护方式是**退缩**。上文论述的三种保护方式有一个共同点，即想要与世界较量，想要以各种方式与世界对峙。但退缩则表现为退出自己生活的世界。这并非离群索居或者隐居深山老林中，而是指远离他人，避免他人影响自己的内部需要或者外部需要。通过占有财富等方式可以从外部需要中获得独立。和为了获得影响或者权力而占有的动机相比，这种占有动机是完全不同的，使用这种占有的方式也是完全不同的。如果这种占有和囤积的目的在于从外部获得独立，那么在享受这种占有物时往往会倍感焦虑。在使用这些占有物时，人们的态度非常吝啬，因为占有和囤积它们的唯一目的是预防极其偶然才会发生的天灾人祸。**最大程度地缩小一个人的需要，是从外部获得外在独立的另一种方式。**

例如试图使自己在情感上彻底摆脱他人,避免未来因为任何事情而受到他人的伤害或者使自己失望,也是从内部需要中获得独立的方式之一。它代表着必须压抑自己的感情需要,一种具体的表现是对所有事情都漠不关心或者满不在乎,也包括自己在内。这种态度在知识界是很常见的。不在乎自己并非觉得自己无关紧要。其实,这两种态度也许是相互矛盾的。

对抗基本焦虑的方式

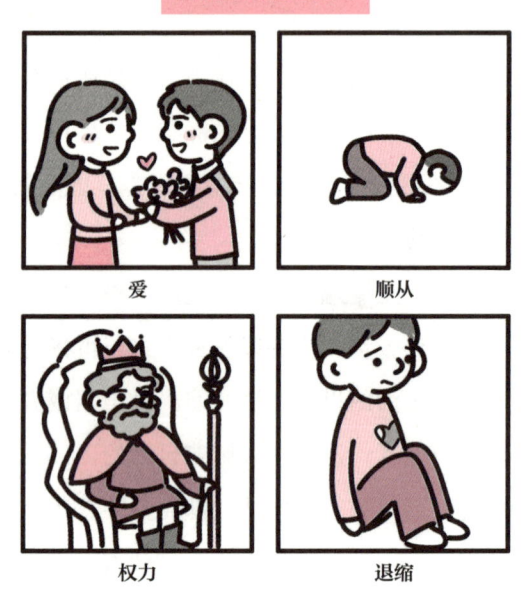

爱	顺从
权力	退缩

退缩的策略和顺从或者遵命的策略有着相同点,即这两种策略的本质都在于放弃自己的愿望。然而,在顺从或者遵命的方式中,放弃自己的愿望是为了对"遵从命令"或者顺从他人的愿望有所帮助,从而使自己获得安全感;而在退缩的方式中,根本没有"遵从命令"的想法,之所以放弃自己的愿望,目的在于获得

外部的独立。它的基本原理是：如果我向后退缩，那么所有事情都不能伤害我。

对于神经症患者用以保护自己，对抗基本焦虑的这些手段，我们必须考虑它们的内在强度，才能正确评价它们所起到的作用。它们被一种渴望获得安全的需要推动，而并非受到希望满足自身快乐欲望的本能推动。但是，这并不代表着它们因为这个原因，就不管怎样都比不上本能驱力那么强大，那么无法抗拒。经验告诉我们，和性本能的影响相比，追求某种野心的影响也许是同样强大的，甚至有可能比性本能的影响更加强大。

在生活允许这么做，而且不会引起任何内心冲突的情况下，不管单独采取这四种策略中的哪一种策略，都能给人需要的安全保障。然而，我们往往需要以整个人格的萎缩为代价，才能实现这种片面的追求，这个代价无疑是巨大的。例如，在遵从传统规范的文化结构中，妇女被要求服从丈夫或者家庭。当一个女性真正采取顺从的方式时，她就会如愿以偿地获得安宁，也得到很多次要的满足。再如，一个君王唯一的愿望就是攫取权力和财富，那么他很有可能在事业上大获成功，也很有可能得到最大的安全感。但是，其实对某个目标的直线追求常常无法成功地达到目的，这是因为这些目标有着过分的、欠缺考虑的要求，会与周围环境发生冲突。有一种情况更为常见，即人们通常并非只是依赖于某一种特定的方式实现目的，而是在同一时间内采取几种彼此矛盾的方式，这样就能够从一种强烈的潜在焦虑中得到安全感。从这个意义上来说，神经症患者极有可能在同一时间内被自己内心的各种强迫性需要推动，一边希望自己能够统治所有人，一边希望自己能够得到所有人的爱；一边顺从他人，一边把自己的意志强加于他人；一边刻意地疏远他人，一边极其渴望得到他人的爱。神经症最为常见的动力核心，正是由这些无法彻底解决的冲突构成的。

对爱的追求和对权力的追求，是最频繁发生冲突的两种企图。所以，我将会在本书后面的篇章中对其进行详细的讨论。

原则上来说，我针对神经症结构进行的这些描述，与弗洛伊德的相关理论并不矛盾，弗洛伊德的理论是：从本质上而言，神经症是本能驱力和社会要求相互冲突的结果。一方面，我认可个人愿望和社会压抑的冲突对所有神经症都是必要条件之一；但另一方面，我并不认可它是充足条件之一。个人愿望与社会要求的冲突未必会导致神经症，却有可能导致真实发生的人生限制，导致单纯压抑或者压制各种欲望，简言之，即导致真实发生的痛苦。神经症的发生是有条件的，即这种冲突导致焦虑，试图减轻焦虑的努力却事与愿违地导致产生各种虽然同样无法抗拒，但是彼此不容的防御倾向。

第八章

对爱的病态需要

无疑，在我们的文化中，这四种保护方式都能够保护自己以对抗焦虑，它们在很多人的生活中都起到了决定性的作用。有些人最想追求的就是爱或者认可；他们不遗余力，只为了满足这个愿望。有些人不管做什么事情，都有一个特点，即倾向于屈服、服从，而不采取任何措施进行自我肯定。有些人唯一的追求就是获得成功或者获得财富。但有些人却想要封闭自己，让自己隔绝于他人之外获得独立。人们也许会感到疑惑，即我觉得这些努力和追求能够体现出对抗基本焦虑的保护作用，这种说法是否正确呢？这难道不是特定的人在正常范围内也许会做出的本能表现吗？这种说法不应该采取非此即彼的形式，这是它的错误之处。其实，这两种观点既不互相排斥，也不互相矛盾。想要得到爱的愿望、顺从的倾向、追求影响和成功的行为和退缩心理，可以以各种不同的方式进行组合，进而体现在所有人身上，而不会表现出任何神经症的蛛丝马迹。

况且，在某种特定的文化中，这些倾向的某一种倾向很有可能是占据统治地位的倾向。这个事实再次告诉我们，这些倾向完全可能是体现母爱的倾向、顺从他人愿望的倾向、人类正常潜能关怀的倾向。就像玛格丽特·米德所说的，在阿拉佩希文化中，这些倾向都是占据统治地位的倾向。就像露丝·本尼迪克特所说的，在夸基乌特尔人的文化中，以一种特别残酷的方式不顾一切地追求特权和威望的倾向，是一种被大众认可的行为模式。在佛教中，退缩或者出世的倾向是最主要的心理趋势。

　　我之所以提出这个概念，不是为了否认这些内在趋势的正常特性，而是为了告诉大家，我们可以运用这些内在趋势，实现为对抗焦虑获得完全保障服务的目的。此外，在获得保护作用的同时，它们的性质得到了改变，它们由此变成了完全不同的某种东西。我可以使用比喻的方法清楚地阐述这种区别。我们之所以爬树，也许是为了检验自身的体力和爬树的技巧，也许是为了到达更高的地方鸟瞰风景，此外，还有可能是因为身后有一头野兽正在对我们穷追不舍。在这样完全不同的情境下，我们最终都选择了爬树，但是，我们爬树的动机却有着本质区别的。出于前一种情境的两种原因而爬树，我们是为了娱乐；出于第二种情境的特

定原因而爬树，我们是因为感到恐惧，所以受到恐惧的驱使，为了保障自身安全而必须爬树。在第一种情境中，我们可以自由地决定是否爬树；在第二种情境中，我们因为身处紧急情况中而不得不爬树。在第一种情境中，我们可以根据自己的心意选择一棵最恰当的树去爬，从而满足我们的需求；在第二种情境下，我们没有任何余地进行选择，必须当即爬到距离我们最近的那棵树上去。在这样的紧急情况下，它即使不是一棵树，而是一幢房屋或者一根旗杆，我们也要照爬不误，因为它能够帮助我们实现保护自己的目的。

动机和驱力的不同决定了感觉和行为的不同。如果我们受到任何直接的、希望得到满足的愿望驱使，那么我们的态度就会产生自发性与选择性；然而，如果我们受到焦虑的驱使，那么我们的感觉和行动都会产生强迫性，并且具有明显的特征，即不选择对象。在对很多能力和动机的对比中，我们会有所发现。例如，因为产生于匮乏的生理紧张将会在极大程度上制约性欲和饥饿，所以这种生理紧张很有可能达到相应的程度，使得获得满足的方式带有强迫性，且明显表现出不选择对象的特点。在正常情况下，性欲和饥饿原本应该呈现出受到焦虑制约的驱动力特征。

除此之外，在得到满足方面也是有所区别的。直白地说，就是获得快乐和获得安全感的区别。但这种区别并不像最初那样显而易见。诸如性欲和饥饿这样的本能驱力原本只能获得快乐的满足，但是如果始终压抑生理紧张，那么获得的满足就会与通过缓解焦虑获得的满足相接近。在这两种情况下，都会产生一种如释重负的感觉，这种感觉是从无法忍受的紧张中获得的。除此之外，快乐与安全感在强度上很有可能是同样强烈的。虽然性的满足有不同的种类，但是性的满足的强烈程度，很有可能与突然摆脱紧张焦虑的状态获得的感受是同样强烈的。通常情况下，追求安全感不但与本能驱力同样强烈，而且将会和本能驱动一样产生同样强烈的满足。

就像我们在前文中所讨论的，追求安全感也包含着很多次要满足。例如，除了需要获得安全感之外，还需要获得被爱或者被赏识的感觉，以及产生影响或者成功的感觉；与此同时，还完全能够获得极大满足。此外，获得安全感的各种渠道能够发泄持续累积的敌意，从而使人们获得解除紧张的另一种感觉。

焦虑是某些驱力隐藏的动力，因此，我们考察了几种产生于焦虑的重要驱力。随后，我们将更加深入细致地针对其中的两种驱动力进行讨论。在神经症中，这两种驱动力起到了最大作用，它们分别是对爱的渴望和对权力控制的渴望。

在神经症患者身上，对爱的渴望非常常见，作为观察者只要受过训练，很容易就会发现它。正是因为如此，它才会被作为焦虑存在的标志，也才会被作为一种非常可靠的指征，用来表现自身的大概强度。其实，面对一个始终对我们怀有敌意而且总是威胁我们的世界，我们会从内心深处产生绝望无助的感觉，所以，我们寻求一切形式的仁爱、帮助或者赞赏，就该采取最直接、最符合逻辑的方式，显而易见，这种方式就是对爱的追求。

如果神经症患者的心理状况和他所想象的一样，那么，他很容易就能得到爱。如果让我粗略地描述神经症患者的感觉和印象，那么如下所述的情况是与之类似的：我需要的不值一提，我只是想他人友好地对待我，出于善意给我提供建议，理解和同情我孤苦无依、不带有恶意的灵魂；我只是迫不及待地想把快乐带给他人，我只是想要尽量避免伤害所有人的感情。对于神经症患者而言，这就是他想象和感觉到的所有。对于自己的敏感、潜在的敌意、苛刻的要求，这些究竟如何干扰了自己与他人的关系，他们丝毫也没有意识到；对于自己给别人留下的印象，以及别人对自己所做的反应，他们也无法加以正确判断。正是因为如此，他才会感到万分迷惘，不知道为何他的爱情、友情、事业和婚姻都不如人意。他把这一切都归咎于他人，认为正是因为他人背叛了他们，不愿意理解和体谅他们，也不能遵守道德，此外，还有可能有一些高深莫测的原因，他天生就不受众人欢迎。所以，他一直在追逐爱的幻影。

　　对于焦虑怎样产生于受到压抑的敌意，又反过来产生了敌意，我们前文曾经讨论过。如果读者还记得我们在前文的相关讨论，那么就会知道焦虑和敌意是怎样密切交织的。如此一来，读者就会发现在神经症患者的思维方式中存在着特定形式的自我欺骗，也会发现神经症患者为何自我欺骗屡屡失败。神经症患者无意识地处于一种困境中，这使得他们既没有能力去爱他人，又强烈渴望得到他人的爱。说到这里，我们必须先暂停论述，先回答一个貌似简单实际复杂的问题：爱是什么？换言之，在我们的文化里，爱到底代表着什么？经常有人漫不经心地定义爱，认为爱是一种付出和收获感情的能力。虽然这个定义有些观点是正确的，但是过于笼统，不能有效地帮助我们合理解释我们所面对的所有困难。在某些时候，大多数人都充满爱，但这并不意味着大多数人都有爱他人的能力。所以，当务之急是思考爱由此发出的态度：它表明对他人的一种基本肯定吗？或者，它是担心失去对方，或是要把对方攥在手心里的想法？换而言之，我们不可能把所有表明的态度都作为爱的标准。

虽然我们的确很难明确地阐述爱是什么，但我们却能够明确地阐述爱不是什么，或者明确地阐述有哪些因素是不符合爱的真谛的。一个人哪怕深爱另一个人，也会偶尔对其发怒，拒绝对方的一些要求，或者希望对方不要来打扰自己。但和神经症患者的态度相比，这些愤怒或者退缩的态度都是有外部原因的。前者始终在提防和警戒他人，一旦发现他人对第三者产生兴趣，就会认为对方怠慢了自己，为此把对方的所有要求都理解为强迫，把

对方的所有批评都理解为侮辱。这不是爱。同样的道理，真正的爱，允许以建设性批评指出别人的某种态度或者某种性格特点有不合时宜之处，这样才有可能对他人有所帮助。然而，如果总是苛求他人几近完美，时常对他人提出各种无法容忍的要求，那么就不属于爱。就像神经症患者一贯的表现一样，这种不近人情的要求中饱含敌意："如果你不是完美的，那就赶快滚开吧！"

　　同样的道理，如果一个人仅仅因为或者主要因为另一个人能满足自己的某些需要，就把对方当作实现某种目的的手段，我们就会认为他的所作所为完全不符合爱的观点。当一个人为了满足自身的性需求而与对方在一起，或者只是因为对方具有名望、荣誉而与对方在一起，如与对方结婚，那么这一点就会更加凸显出来。然而，我们也常常在这个方面混淆很多问题，尤其是当这些需要都属于心理性质的需要时情况更加明显。再如，一个人自称全身心投入地爱着另一个人，不但欺骗了自己，也欺骗了他人，本质上，他只是因为盲目地崇拜对方，因而表现得很需要对方而已。面对这样的情况，他很有可能会突然遗弃或者仇恨对方，原因也许仅仅是因为对方开始对他持有审慎的态度，并且不能再吸引他的关注，让他崇拜自己。要知道，他正是因为崇拜对方，所以才会爱着对方。

　　然而，我们必须小心翼翼地讨论什么是爱、什么不是爱，千万不要模棱两可。爱无法接受为了满足自身的某种需求而利用对方，但这并不代表爱必须纯粹奉行利他主义，而且必须无私牺牲自己。那种一味地付出，而不需要从对方那里得到任何回报的感情也不是爱。有些人怀着这样看似单纯的想法，却正巧表现出他们内心深处对于他人是吝啬的，这意味着他们本身就不愿意对他人付出爱，而并不意味着他们对爱有着坚定不移的牺牲精神。对于所爱的人，我们必然想要得到某些东西，例如，忠诚、帮助和满足。在需要的情况下，我们甚至希望对方愿意为我们做出奉献和牺牲。通常情况下，心理健全的人都会表现出这些愿望，甚至愿意为了实现愿望而努力奋斗。爱和对爱的病态需要有着本质区别：在真正的爱中，最重要的是爱的感受；在病态的爱中，安全感的需要才是最重要的，爱的错觉位居其次。无疑，在这两者之间，还有很多不同的过渡阶段，代表着爱的不同状况。

当一个人为了获得安全感对抗焦虑，所以才需要他人的爱，那么他总是会在自觉意识中把很多问题混为一谈。一般情况下，他没有意识到自己内心的焦虑，更无法意识到自己之所以不顾一切地想要抓住任何形式的爱，只是为了获得安全感。他只能感觉到我喜欢和信任这个人，他完全把我迷住了。但是，他误以为自己的爱是发自内心的，其实很有可能是感激某种仁慈罢了，也有可能是因为遇见某个人或者处于某种情境而在内心深处燃起的温情和希望。那个人以显而易见或者不易觉察的方式在他身上唤起了这种希望，他赋予了这种希望以特殊的重要性，正是因为如此，他对那个人的感情才会呈现为爱的错觉。例如，一位有权势的人和蔼地对待他，一个坚强有力的人友好地对待他。哪怕和爱没有任何关系，色欲或者强烈的性欲也能激发这些希望。最后，某些已有的关系也能支持和鼓舞这些希望，前提是这些关系暗中隐含着一种从精神上支持和切实给予帮助的承诺，例如和朋友、家庭与医生的关系等。以爱为名，很多类似的关系都得以维持，换而言之，一种密不可分的主观想法维持了这些关系。其实，一个人只是为了满足自己的需要，所以才会死死地抓住对方不愿意放手。这绝非真正值得依靠的爱情，当无法满足自己的愿望时，这种感情就有可能发生翻天覆地的变化。爱情观的基本因素之一就是情感的可靠性和坚定性，毫无疑问，在这样的关系里根本不具备情感的可靠性和坚定性。

缺乏情感的可靠性和坚定性

我已经委婉地阐述缺乏能力去爱具有怎样的根本特征了，但我还想特别强调一点，神经症患者从不考虑对方的个性特点、人格、需要、局限、愿望和发展。神经症患者之所以不考虑对方，有一部分原因是受到焦虑的驱使所以死死抓住对方不放。这就像是一个将死的溺水者在绝望的状态下抓住一个游泳者，根本不会考虑对方有没有能力或者是否愿意救他上岸。这种丝毫不考虑对方的态度，也表现出对他人的一种基本敌意，嫉妒和藐视是这种基本敌意最基本的内涵。无所顾忌、竭尽全力地体贴对方，或者甘愿为对方做出牺牲的态度也许会掩盖这种敌意，但这些努力并不能阻止某些令人反感的反应。例如，一个妻子也许主观上深信自己深爱着丈夫，但她一旦看到丈夫忙于工作，专注地做自己喜欢的事情，或者花费很多时间和精力陪伴朋友，就会妒火中烧，牢骚满腹，郁郁寡欢。再如，一个操碎了心的妈妈也许认为自己愿意为了孩子的幸福做任何事情，但其实她从未考虑孩子走向独立需要怎样的帮助和引导。

很多神经症患者把爱的追求作为保护手段，很难意识到自己没有能力去爱。在他们之中，绝大多数人都会把自己对爱的需要，误认为是一种充满爱的气质，而对于这种爱是针对某个人的，还是针对全人类的，他们从不加以区别。他们迫不及待地想要坚持并且捍卫这种错觉。放弃这种错觉，表明他们需要正视自己。一边敌视他人，一边又急切地渴望得到他人的爱，这使得他们陷入感情上进退两难的困境。我们无法蔑视一个人，怀疑一个人，想要让他不能获得幸福与独立，同时又希望他能够爱、帮助和支持自己。这两种目的是彼此矛盾和尖锐对立的，为了同时实现这两种目的，我们就必须坚决地从意识中清除这种敌对态度。这种爱的错觉尽管混淆了真正的爱与对他人的需要，但因为具有特殊能力，从而使爱的追求变得具有可行性。

在满足自身爱的饥渴时，神经症患者还将面临另一种基本障碍。虽然他很有可能成功地暂时获得自己需要的爱，但他却无法真正接受这种爱。我们希望他像饥渴难耐的人那样接受和欢迎任何给予他的爱，但这种情况只能维持短暂的时间。所有医生都心知肚明，如果他们和蔼地对待患者，真心理解和宽容患者，必然会导致怎样的结果。即使没有采取任何治疗手段，只是认真全面地检查患者，而且满怀热情地对待患者，患者的所有心理症状或者生理症状就有可能彻底消失。当一个人确定自己是被人爱的，他哪怕患有严重的情境神经症，也有可能完全康复。在情境神经症患者中，伊丽莎白·芭蕾特·白朗宁的经历就极具代表性。哪怕患者患上了性格神经症，这种不知道是爱、兴趣还是医生的关心，都能够帮助他们减轻焦虑，改善精神状况。

对于神经症患者而言，他们有可能从所有形式的爱中获得形式上的安全感，甚至是幸福感。但他们在内心深处根本不相信这种爱，而是怀疑和恐惧这种爱。他们固执地相信没有人会爱他们，所以他们也不相信这种爱。这种不被人爱的感觉通常是一种有意识的自觉信念，哪怕在事实上获得了截然相反的经验，这种信念也不会因此而动摇。此外，它还可以用一种"不屑一顾"的态度掩饰自己，这种态度具体表现为玩世不恭或者桀骜不驯，仿佛这样一来，它就会更好地隐身。这种坚信自己不会被爱的信念，与那种无法去爱别人的状态是非常相似的。其实，它自觉反映了那种无法去爱的状态。显而易见，一个人如果能够真正爱他人，就会坚定不移地相信他人必然也爱自己。

如果这种焦虑真的不可撼动，那么，他就会怀疑自己得到的所有爱，而且假想所有爱都有不可公然说出口的动机。例如，在精神分析中，患者会自以为是地坚持自己的观点：精神分析医生正是因为出于自己的野心，所以才会帮助他们；正是为了实现治疗的目的，所以才会赞赏和鼓励他。对于一位情绪极其不稳定的患者，我主动提出每个周末都去看他一次，对于我这样好心的建议，他却认为我是在赤裸裸地侮辱他。这就是神经症患者的特点，即把公开表示的爱视为一种侮辱或者一种奚落。如果一位美丽的少女公然向一位神经症患者示爱，那么这位神经症患者很有可能将其理解为一种嘲笑和侮辱，甚至将其理解为一种别有用心的挑逗或者撩拨，因为他压根不敢想象这位姑娘会真心诚意地爱上她。

把公开表示的爱视为一种侮辱或者一种奚落

爱一个神经症患者，不但有可能被对方怀疑，还有可能激发对方的正面焦虑。好像对他们来说，对一种爱屈从即表明陷入天

罗地网中无法自拔，或者认为一种爱表明解除了武装。正是因为如此，当开始意识到有人真正地爱他时，神经症患者很有可能感到极度恐惧。

最后，爱的证实也会导致神经症患者失去自主性的恐惧。就像我们即将目睹的那样，对于所有离开他人的爱就无法继续生存的人而言，情感上依赖是一种现实的危险，所以他们很有可能拼尽全力去反抗一切与之相似的事情。这种人会竭尽全力地避免自己做出一切正面情感反应，因为这种反应会马上引发失去自主性的危险。为了避免危险，他不得不蒙蔽自己，不让自己意识到他人的确是出于好心才会帮助他；他会绞尽脑汁地消除所有爱的证据，这样才能在自己的感觉世界中继续坚信他人是不真诚、不友善的，甚至是居心叵测的。这种方式营造的情境与另一种情境非常相似：一个人饥饿难耐不得不四处寻求食物，但是在得到食物之后他却不敢吃，因为他担心食物有毒。

总之，在自身基本焦虑的驱使下，很多神经症患者都必须寻求爱作为一种保护手段，然而，他们很少有机会获得自己迫切渴望得到的爱。这是因为产生这种需要的情境，阻碍了神经症患者满足自身的这种需要。

第九章

再论对爱的病态需要

大部分人都希望得到他人的喜欢，也想要开心地享受被人喜欢的感觉，如果得不到他人的喜欢，我们就会心生怨愤。正如我们曾经说过的，对于孩子而言，感觉到自己是被人需要的对他的和谐发展至关重要。那么，到底是什么原因使人对爱的需要变成病态的呢？

我觉得，把所有的这种需要都归入幼稚的范畴之内，不但误解了孩子，而且忘记了是哪些基本因素构成了爱的病态需要。其实，爱的病态需要与幼稚行为毫无关系。**病态的需要和幼稚的需要只有一种共同点，即绝望无助感。**即使作为共同点，在两种不同情境中，也需要具备不同的基础。除此之外，对爱的病态需要是在截然不同的先决条件下形成的。必须再次强调，这些先决条件是针对所有人的敌意，以及焦虑、不被人爱的感觉、无法相信任何爱的状态。

我希望破爱，因为被爱让我感到愉快。

我必须被爱，为了得到爱，我将会不惜一切代价。

从这个意义上来说，在对爱的病态需要中，我们首先应该注意的是**这种需要的强迫性**，这也是对爱的病态需要的第一个特征。当一个人被强烈的焦虑驱动，就必然会丧失灵活性和自发性。简言之，对神经症患者而言，这表明爱的获得不是奢望，也不是计划之外的欢乐或者力量源泉，而是维持生命的基本需要之一。它们的区别之一是"我希望被爱，因为被爱让我感到愉快"，区别之二是"我必须被爱，为了得到爱，我将会不惜一切代价"。也可以说，区别在于如下两点：一种人因为胃口好而进食，所以可以充分享受美食的乐趣，因而非常讲究食物上的选择；另一种人因为饥肠辘辘而进食，只能以充饥为目的，为此既不惜一切代价，也不加选择。

所有人都渴望得到他人的喜爱，而且认为得到他人的喜爱具有非同寻常的意义。和普通人相比，神经症患者把得到所有人的喜爱看得尤为重要。从现实角度来说，有一点也许的确很重要，即得到某些人的喜欢，某些人包括我们关心的人，我们必须一起工作和一起生活的人，我们想要留下好印象的人。除了要费心赢得这些人的喜爱之外，我们无须过于看重自己是否被他人喜欢。但是，神经症患者的感觉和行为无不表明，能否得到他人的喜爱，决定了他们的存在以及他们对于幸福感和安全感的获得。

他们也许会在没有进行选择的情况下就把这些愿望附着在遇到的所有人身上，例如理发师，在宴会上认识的陌生人，再如朋友、同事、所有男人和女人等。他们的心情会被一个问候、一次电话或者一种邀请是冷淡还是热情而改变，他们对生活的所有看法也将会因为周围的人无意间做出来的行为举止而改变。他们不能独处，在他们之中，有些人会因为孤独而感到烦躁不安，有些人甚至会因为孤独而感受到强烈的恐惧。这里所说的并非那些本来就很无趣，只要独处就感到索然无味的人，而是指那些非常聪明、有着无穷精力的人，在除了独处之外的其他生活情境中，他们是可以尽情享受生活的。例如，有些人必须在周围有很多人的情况下才能工作；如果要求他们独自工作，他们就会感到极其难受。无疑，这种人需要陪伴，他们总是有若隐若现的焦虑，也极其渴望得到爱，或者更确切地说，他们需要与人接触。在人世间，这些人感到自己四处漂泊，孤苦无依，对于他们而言，与他人的任何接触都有可能是一种拯救或者是对心灵的慰藉。有一种情况屡见不鲜，例如在实验中，随着焦虑的增长，这种无法独处的状态也呈现出不断加剧的趋势。有些患者在切实感觉到置身于自己设置的保护墙之后的情况下，是可以独处的；但当精神分析成功地攻破了他们的保护设施，他们当即就会产生某种焦虑，突然之间发现自己压根无法忍受这种孤独状态。这种损伤属于暂时的、过渡性的，在精神分析的过程中，这种损伤是不可能完全避免的。

　　某个人身上也许会集中呈现出对爱的病态需要，例如丈夫、妻子、医生或者朋友身上会集中呈现出对爱的病态需要。当发生这样的情况时，那个集中了爱的病态需要的人所给出的忠诚、关怀、友情，甚至包括在场的状态等，都将变得无与伦比的重要。然而，这种重要性并非完全成立。一则，神经症患者需要周围有人关注他，他担心自己招人讨厌，当身边没有人时，他就会感觉备受冷落；二则，当他与自己崇拜的人在一起时，他却并不觉得幸福。如果他能意识到自己的心态是矛盾的，他肯定会为此而感到疑惑。然而，根据我前文所述的现象，神经症患者这种希望他人在场的愿望显然不是真正的爱，而只是因为他们需要获得安全感，即通过身边有人这个事实帮助自己获得安全感。不可否认的是，真正的爱和以获得安全感为目的追求爱，很有可能同时存在这两种感情，但是它们未必相互吻合。

对爱的渴望有可能被局限在志同道合或者利益一致的人中，也有可能被局限在某些团体或者某些人群中。例如，局限在特定性别的人身上，或者局限在政治或宗教团体中。如果把对安全感的需要局限于异性身上，那么仅从表面看来这种情况也许是"正常的"，此外，那些与此有关系的人也会解释说这种情况的确是"正常的"。再如，有些女人一旦失去男人，就会自怨自怜，烦躁难耐，她们很容易对某个男人动情，但是很快又会让爱情烟消云散，然后再次自怨自怜，烦躁难耐，继而再次对某个男人动情。她们就这样进入了无休无止的循环之中。这并非真正渴望爱情和男女关系。这一点，可以从这些关系中存在很多不满和冲突得到验证。这些女人会随随便便追求某个男人，她们唯一的心愿就是希望有一个男人陪伴在她们的身边，但是她们对所有男人都并非出自真心。一般情况下，她们甚至无法获得生理上的满足。从现实的角度来说，焦虑和爱的需要在女人们这么做的过程中发挥着重要作用。

在男人身上，也有同样的现象。这些男人具有强迫性心理倾向，希望自己得到所有女人的喜欢。当与同性相处时，他们就会心神不宁。当一个男人对爱的需要集中体现在同性身上，那么就意味着他们会成为潜在的同性恋者或者明确的同性恋者。当过度的焦虑阻塞了男人通向异性的道路时，那么他们对于爱的需要也许就会指向同性。无须多言，这种焦虑未必会明显显现出来，而极有可能表现为厌恶异性或者刻意疏远冷淡异性。

因为得到爱是一件非常重要的事情，所以神经症患者理所当然地愿意为了得到爱不惜任何代价。对此，他们自己往往没有意识到。表现出<u>顺从的态度和情感上的依赖</u>，是最常见的付出代价的方式。这种顺从态度也许表现为被动接受他人的意见，不能理直气壮地批评他人，忠诚于他人，赞赏他人，对他人表现出顺从。当这种类型的人允许自己批评他人，对他人有所针砭时，他就会陷入惶恐和焦虑的状态中无法自拔，即使他的针砭和批评根本不会引起任何后果，也无法减轻他们的焦虑和惶恐。这种顺从太过度了，导致神经症患者不但始终压抑自身的攻击性冲动，而且无法进行任何形式的自我肯定。他接受任何人的辱骂，愿意做出任何形式的牺牲，根本不去考虑这将会给自己带来多么严重的伤害。例如，当神经症患者爱上一位研究糖尿病的专家时，他就会因为自我否定的倾向影响，强烈渴望患上糖尿病，因为他想以这种方式赢得对方的关注。

感情上的依赖性与顺从态度非常类似，而且依赖性和顺从的态度总是互相交错。感情上的依赖产生于神经症患者的一种心理需要，即对于那个能够为他们提供保护性许诺的人，他们想方设法地死死抓住。这种感情上的依赖不但会使神经症患者陷入痛苦的深渊，而且有可能彻底毁掉神经症患者。例如，在人际交往中，总是有些人绝望无助地依赖于他人，哪怕他已经明确意识到这种关系是极其不可靠的，也不会改变依赖的状态。如果他不能如愿以偿地得到一句关切的话语、一个充满善意的微笑，他就会觉得整个世界即将毁灭；如果他等了很久都没有等到自己想要的电话，他也许会在突然之间产生特别严重的焦虑；如果别人始终没有主动探望他，他就会感到孤苦无依，自怨自怜。虽然这样，他依然依赖于这种关系。

感情上的依赖具有非常复杂的结构。当一个人彻底依赖于另一个人，就必然会产生很多怨恨。依赖他人的人之所以产生怨恨，是因为自己遭到奴役。他怨恨自己必须对他人表示顺从，但是因为很恐惧失去他人，他又只能继续顺从他人。他不知道正是他自己的焦虑导致这种状况，所以他顺理成章地想象是他人把受奴役的状态强加于自己的。怨恨正是在此基础上发展起来的，所以不得不受到压抑，因为他依然急切地渴望得到他人的爱；反之，这种压抑又会催生新的焦虑，并且催生对于安全感的新需要，从而使依附他人的内在冲动得到强化。如此一来，在很多的神经症患者身上，由情感依赖产生的恐惧是特别现实的，甚至是完全正当的。这种恐惧即害怕自己的生活毁于一旦。当这种恐惧变得越来越强烈时，他们就会采取一定的措施保护自己，即脱离他人，不依附任何人，由此来对抗感情上的依赖。

即使在同一个人身上，这种依赖态度也会偶尔发生翻天覆地的变化。在经历了很多痛苦体验之后，一个人也许会不计后果地反抗这种依赖态度。例如，一个女孩谈了一场很长的恋爱，她不顾一切地想要依附于对方，但每一次恋爱都以结束而告终。最后，她对所有男人都刻意疏远，保持距离，只是有意识地玩弄男人，而不愿意投入任何真情。

神经症患者对待精神分析医生的态度，也显而易见地体现出这一点。患者原本可以利用分析治疗的时间，认识和理解自己，这对于他们而言是有益的事情，但患者却总是置自己的利益于不顾，而尝试讨得医生的欢心，赢得医生的关注和赞赏。患者会投入很多时间讲自己的故事，仅仅是为了得到分析医生的赞许；或者，每次治疗时，他都会绞尽脑汁逗医生开心，因为医生如果感

第九章
再论对爱的病态需要

到高兴，就有可能赞赏他。这种情况如此严重，以至这种想要得到医生关注和赞赏的愿望影响到了患者的联想甚至梦境。或者，他会迷恋医生，相信自己只在乎医生的爱，只需要医生的爱，为此他付出真挚的感情，只想打动医生。从这里可以看出，患者根本不会有意识地选择适合自己的对象，他一厢情愿地认为所有精神分析医生都是人类价值的楷模，都是完全符合患者个人期待的。无疑，哪怕患者不是在接受治疗，也有可能会义无反顾地爱上精神分析医生，但是即便如此，也无法证明患者在感情上离不开精神分析医生。

对于这种现象，我们可以用"移情作用"进行策略概括。然而，这种说法不是绝对正确的，因为患者只是在感情上依赖医生，而移情作用是患者对医生产生所有非理性反应的总和。这种依赖为何会发生在分析治疗的过程中，因为需要得到这种保护的患者会牢牢抓住他所认识的每一位医生、社会工作者、每一位朋友或者每一位家庭成员。关键问题是：这种依赖为何如此强烈？为何发生得这么频繁？精神分析能够打破患者建立的对抗焦虑的壁垒，能够成功地激发隐藏在这些壁垒之后的焦虑。正因为焦虑不断增长，所以患者才会以不同的方式牢牢抓住精神分析医生。

和儿童需要的爱相比，这种依赖是完全不同的。和成人相比，儿童需要得到更多的爱、关心、照顾和帮助，因为他们还不具备全面的生活能力，这决定了儿童的态度中没有任何强迫性因素发挥作用。只有那些惶恐不安的孩子才会每时每刻都依附于妈妈。

对爱永不知足，是爱的病态需要的第二个特征，这一点与儿童对爱的需要也是完全不同的。毫无疑问，一个孩子也会纠缠父母，要求父母给予他们更多的关心和关注，从而证明父母的确是非常宠爱他们的。但是如果事实真的如此，那么就意味着孩子是病态的。健康的孩子从小在温馨美好的家庭里长大，对于父母对自己的爱，他们确信无疑，所以无须反复地求证这一点。当需要得到帮助时他如愿以偿地得到帮助，他就会产生满足感。

　　神经症患者对爱永不知足的态度，明显表现出贪婪的性格特征，具体表现为吃饭囫囵吞枣、买东西毫无节制、对于很多事情急不可耐等。在大多数时候，这些贪婪的行为表现都会受到压抑，但是也很有可能突然之间猛烈爆发。例如，有一个人平日里很少舍得花钱买衣服，但是在焦虑强烈发作的状态下，他居然买了四件大衣。总而言之，这种贪婪有可能以一种比较猛烈的形式表现为"章鱼掠食"的豪夺，也有可能以一种比较温和的方式表现为"海绵吸水"的巧取。

　　这种贪婪的态度，以及其各种各样的表现形式和随之产生的抑制作用，我们统称为"口唇欲"。在精神分析文献中，我们精彩地描述了"口唇欲"。虽然理论假设能够把各种孤立的倾向整合起来，变成综合的症候群，而且作为该术语的基础，极具价值，但是切勿认为所有倾向都产生于口唇快感。虽然贪婪通常具体表现为对食物的强烈需求和吃东西的大快朵颐上，然而，它也会表现在梦境中。在梦里，它也许会以更加原始的方式表现出相同的倾向，例如有人梦见吃人肉。然而，这些现象不足以说明我们可以把它们都归入口唇欲望的范畴内。这样一来，另一种假设仿佛更有说服力，即一般情况下，无论贪婪产生于何处，吃只是满足贪婪感的最好手段。这就像是在梦境中，贪得无厌的欲望最原始、最具体的象征就是吃。

有一种观点也是没有充分证据的，即认为这种"口唇"欲望或者"口唇"态度具有力比多性质。无疑，性领域中存在贪婪态度，是以永不知足的实际性行为呈现出来的，也是以把交媾认同为吞噬或者吞咽的梦境呈现出来的。此外，对服装和金钱的索求无度，对权力与名望的狂热追求，都能表现出贪婪的态度。贪婪的热烈程度和力比多的热烈程度相似。然而，只有在假定任何热烈的驱动力都有力比多性质的前提下，我们才不需要提供证据证明这种贪婪从本质上而言是一种性欲，也就是一种前生殖器力比多。

迄今为止，我们依然没有解决复杂的贪婪的问题。和强迫行为一样，贪婪也产生于焦虑。从事实的角度来说，焦虑制约着贪婪，这样的事例屡见不鲜，例如过度手淫和过度饮食就是典型事例。当某个人能够以某种特殊的方式获得安全感，具体表现为获得爱、获得成功、从事富有创造性的工作等，那么就能大大减弱这种贪婪，甚至使这种贪婪彻底消失。再如，确认自己是被人爱着的，强迫性购买愿望的强度就会在突然之间减弱。一个女孩原本渴望吃到任何食物，却在开始从事自己心仪的职业之后，完全忘记饥饿，也忘记已经到了该吃饭的时间。当敌意和焦虑持续增强，贪婪必然会加剧。在观看一场恐怖表演之前，有的人会情不自禁地想要逛街；在受人冷落之后，有的人会无法控制地想要胡吃海塞。

神经症患者对爱永不知足的态度，表现出贪婪的性格特征

但是，很多人的内心非常焦虑，却并没有变得非常贪婪。由此可见，贪婪有很多特殊的相关因素。在这些因素中，我们唯一确凿无疑的是，贪婪的人不相信自己能够创造事物，所以他们必须依靠外部世界才能满足自身的需求，同时，他们也不相信有人愿意帮助他们。很多神经症患者在爱的需求方面贪得无厌，对物质也极其贪婪。例如，对待时间和金钱，对待具体问题提出建议，对待各种困难开展实际帮助，对待各种各样的信息、礼物、性满足等方面，他们无不贪婪。在有些情况下，这些欲望显而易见地表明对爱的证明的需要；但在其他情况下，这种解释却惹人生疑。在后面的情况下，人们会有错误的印象，即神经症患者只是想要获得某些东西，而未必只是想要得到爱；哪怕他们怀有爱的渴望，也只是披上爱的外衣来伪饰自己想以敲诈勒索的方式获得某些实实在在的好处或者利益而已。

这些观察激发了我们的思考：这种对物质的贪婪是最基本的现象吗？这种对爱的需要仅仅是实现这个目标的一种方式吗？对

于这个问题，仁者见仁，智者见智。正如我们在本书后面即将看到的，==渴望占有是一种基本防御机制，可以对抗焦虑==。但是，经验告诉我们：在某些病例中，虽然神经症患者以对爱的需要作为最重要的保护手段，却极有可能压抑自己对爱的需求，导致无法明显地表现出对爱的需求。因此，对物质的贪婪就将会在或长或短的时间内取代它。

在与爱的作用有关的问题中，我们可以对三种不同类型的神经症患者进行大概区别。

在第一种类型中，神经症患者最渴望得到爱，无论采取怎样的形式，采取怎样的方法，他们唯一的目的就是获得爱。

在第二种类型中，神经症患者尽管也寻求爱，但是如果他们遭到失败，无法通过建立某种关系获得爱，那么他们当即就会退避三舍，躲开所有人，而不会马上转为追求另一个人。为了避免依附于某个人，他们会强迫自己依附于某些事物，这使得他们持续地购买、进食、阅读。总之，他们必须持续地得到某种东西。有的时候，这种变化是以极其古怪的方式呈现的。例如，有些人一旦恋爱失败，就会变得贪吃，这使得他们在很短的时间里体重飙升；如果他们开始新的恋情，那么他们的体重就会下降到与此前相差无几的水平；但如果这次恋爱还是宣告失败，那么他们的体重又会短期内急速上升。我们在观察患者时，也会发现相同的情况。他们对精神分析医生大失所望之后开始贪吃，导致体重急速增加，胖到连医生都险些认不出他们的程度；然而，当他们与医生的关系渐渐好转时，他们的体重就会呈现出下降的趋势，他们很快就会恢复此前的样子。同样地，患者也会压抑自己对食物的贪婪，这使得他们出现食欲不振或者某种功能性消化不良的症状。这种类型患者的个人关系，和第一种类型患者的个人关系相比，遭到更加严重的破坏。他们还是渴望得到爱，也敢于追寻爱，但他们很有可能因为小小的失望而彻底不与他人联系。

第三种类型的人因为在早期遭到了严重的打击，产生了严重的挫败感，所以他们会怀疑所有爱。他们的内在焦虑如同镌刻在骨子里，这使得他们唯一的心愿就是不要遭到任何正面伤害。他们也许会对爱冷嘲热讽、极尽挖苦，相比起追求爱，他们更愿意实现实实在在的愿望，例如得到具体的建议、物质上的帮助和忠诚的劝告，还想得到肉体上的满足等。只有在消除绝大多数焦虑的情况下，他们才会追求和欣赏爱。

这三种类型的神经症患者持有不同的态度，我们对其进行概括，总结如下：①爱的需要永不知足；②爱的需要和一般性的贪婪交替发生；③对爱的需要不是显而易见的，只有一般性的贪婪。每一种类型都意味着在同一时间内，焦虑与敌意都在增长，并驾齐驱。

接下来，我们要回到主要方向上，考虑永不知足的爱是凭着哪些特殊方式表现出来的。嫉妒，要求对方无条件地爱自己，是永不知足的爱最主要的表现方式。

和正常的嫉妒相比，病态的嫉妒是截然不同的。面对失去对方的爱，当事人会产生一种恰当的反应，这就是正常的嫉妒。相比之下，病态的嫉妒与神经症患者所面对的危险的大小是不相匹配的，换言之，病态的嫉妒有些过激和过度。它表现为始终活在失去对对方的占有的恐惧中，也活在失去对对方的爱的占有的恐惧中，因此把对方也许有的任何其他兴趣都视为一种潜在的危险。在任何人际关系中，都有可能存在这种嫉妒：有些父母会嫉妒孩子交朋友、谈恋爱甚至是结婚；有些孩子嫉妒父母之间的关系过于亲密；婚姻双方中的任何一方，以及任何恋爱关系中的任何一方，都会心怀嫉妒。此外，医患关系中也会有嫉妒存在，具体表现为当医生去对另一个患者表现出关切时，或者哪怕是口头上提起另一个患者，患者就会因为极度敏感而心生嫉妒。他们的信条是："你只能爱我，必须只爱我。"患者也许会为自己辩解："我承认你对我很好，虽然这样，你也有可能对别人同样好，因此你对我好压根不能代表什么。"正是因为如此，所以对于神经症患者而言，任何与他人分享的爱都会马上丧失所有价值。

这种嫉妒心理是病态的，人们通常认为其产生于童年时代嫉妒兄弟姐妹的生活经历，或者产生于嫉妒父母中任何一方的生活经历。但是，如果身心健康的兄弟姐妹之间发生争夺，例如嫉妒新生婴儿，那么在确信自己没有因此失去任何爱和关怀的前提下，这种嫉妒之火不久就会彻底消失，而且不会给健康的孩子内心留下任何创伤。据我所知，如果孩子在童年时代有过分嫉妒心理，且并没有成功地克服嫉妒心理，就是因为孩子很有可能和成人一样处于病态的环境中。我在上文已经强调过这一点。在这种情况下，在孩子心中，已经源于基本焦虑产生了永不知足的爱的需要。在精神分析的很多文献中，都混淆了儿童与成人嫉妒心理的关系，误以为成人的嫉妒心理是儿童嫉妒心理的"重演"。如果这个推论是成立的，那么就代表一个成年女性之所以嫉妒她的丈夫，是因为她在孩童时期也曾这样嫉妒过自己的妈妈，这种说法完全站不住脚。儿童对父母或兄弟姐妹的强烈嫉妒，并不会直接导致他在成年之后产生嫉妒心理。

永不知足的爱的需要很有可能以一种比嫉妒更强烈的形式呈现，即要求对方毫无条件地爱。在一个人的自觉意识中，这种要求常常表现为："你爱的必须是我，而不是我的所作所为。"如果只是提出这样的要求，那么并不过分。确实，任何人都会希望别人爱自己而不是爱自己的所作所为；但是，神经症患者所谓无条件的爱的愿望，却比正常人的愿望涵盖了更为广泛的范围，这直接导致没有人能够在最极端的形式下实现他们对爱的渴求。

首先，这种要求中隐藏着一种愿望，即因为爱我，而对于我的任何激怒人的行为都毫不计较。如果出于追求安全感的目的提出这个愿望，那么是非常有必要的，因为神经症患者在内心深处依稀感觉到自己的内心充满了敌意，还有很多苛刻的要求，所以他很担心自己会暴露这种敌意，因而使得对方收回给他的爱，甚至因此而怒火中烧地对待他，还有可能采取一些手段报复他。这种类型的神经症患者常常提出以下观点："我们很容易爱上一个非常可爱的人，但是这不能说明任何问题，真正的爱必须具备一种能力，让自己能够忍受一切激怒人的行为。"在这样的情况下，神经症患者面对任何批评都解读为对方不爱自己。在精神分析的过程中，医生出于分析治疗的目的而隐晦地提醒患者改变人格中的某些方面，但是一不小心却激发起患者的仇恨心理，因为患者把所有批评都视为渴望得到爱却事与愿违的打击和挫折。

其次，神经症患者对无条件的爱提出了很多要求，其中一个要求就是希望被人爱，却不想要给人任何形式的回报。神经症患者深知自己没有能力感受温暖，没有能力对他人付出爱，为此也不愿意给予任何爱，更不愿意感受任何温暖。

神经症患者希望得到他人的爱，而不愿意回报他人任何好处。因为只要对方从中得到好处或满足，他们就会怀疑对方之所以喜欢他们，只是为了得到这些好处或满足。在性关系中，这种类型的人看到对方从性行为中获得满足马上就会妒火中烧，因为他误以为对方之所以爱自己，只是因为想要得到性满足。在精神分析的治疗过程中，当医生因为帮助患者而感到满足时，患者反而会嫉妒医生。他们或者故意贬低医生给予他们的帮助，或者一方面理智上承认医生的确帮到了他们，另一方面感情上对医生没有丝毫感激之情。此外，他们倾向于把所有病情的好转都归为医生治疗以外的原因，例如有些患者认为是他们坚持吃药，所以病情才会好转，有些患者坚持认为是因为自己采纳了一位朋友的有效建议，所以病情才会好转。无疑，因为医生收取了他们的费用，所以他们耿耿于怀，无法释然。从理智上的角度来说，他们承认医生需要收费作为对时间、精力和知识的报酬，但是从感情的角度来说，他们却因为医生收费，而否定医生真正关心他们。同样地，这种类型的人不喜欢赠送礼物，因为一旦赠送礼物，他们就无法准确判定对方是否真的爱自己。

神经症患者对爱的需求永不如足	
嫉妒	**要求对方无条件爱自己**
• 病态的嫉妒是过激和过度的 • 把对方的任何其他兴趣都视为潜在危险 • 在任何人际关系中都可能存在嫉妒	• 希望对方不计较自己的任何激怒人的行为 • 希望被对方爱，却不想给对方任何回报 • 希望对方心甘情愿为自己牺牲

神经症患者对无条件的爱的要求背后，有一种内在的敌意

最后，神经症患者在对无条件的爱的诸多要求中，有一个要求是希望自己得到他人的爱，并且希望对方能够心甘情愿地为自己牺牲。必须在对方为自己毫无保留地牺牲之后，神经症患者才会真正意识到对方真的深爱自己。这些牺牲也许是金钱或者时间，但也有可能与对方的人格完整和人生信念有一定的关系。这种要求是很复杂和烦琐的，例如希望对方不管在怎样的情况下，哪怕承受灭顶之灾，也要坚定不移地站在患者的身边，维护患者。有些妈妈特别天真，她们希望孩子能够盲目地忠诚于她们，或者无条件、无保留地为她们做出牺牲，还认为这些付出对于孩子而言是理所当然的，唯一的原因就是她们承受了巨大的痛苦才把他们带到世界上，又付出了很多辛劳才能抚养他们长大。还有一些妈妈尽管在一定程度上帮助和支持孩子，而且始终压抑自己想让孩子无条件、无保留爱自己的愿望，但她们却无法从与孩子的关系中得到满足。因为正如我们前文举例说明的那样，妈妈们

第九章
再论对爱的病态需要

之所以觉得孩子爱她们，只是因为孩子从她们身上得到了同样多的爱。所以，她们对于给予孩子的一切，怀着隐秘不宣的嫉妒心理。

对无条件的爱的要求，其现实的内涵是冷漠无情的，丝毫也不为他人着想，这准确无误地表明：有一种内在的敌意正隐藏在神经症患者对爱的要求背后。

和普通吸血类型的人相比，这种类型的神经症患者是截然不同的。普通吸血鬼类型的人也许会刻意地下定决心，要对他人敲骨吸髓，把他人压榨得毫无油水。但神经症患者对于自己是这样的人完全没有意识到。因为他们采取的策略上往往都有充分的理由，他必须使自己对于内在要求永远毫无知觉。没有人愿意主动承认"我要求你为我牺牲，并且不要任何回报。"他必须寻找正当的理由，才能提出这种要求。例如他身患重病，所以需要他人做出牺牲。还有一个理由可以掩盖神经症患者的这种要求，即我知道这种要求不合理，但是江山易改，禀性难移；现在，我既然知道它是不合理的，未来就要渐渐地改变。除了上文所说的根据，这些要求还产生于神经症患者的深刻信念：他深信自己无法做到自立自强，更不可能凭着自身的能力养活自己；他只能从别人那里得到自己所需要的一切；他必须让别人肩负他生活中的所有责任，而不能自己肩负生活中的所有责任。从这个意义上来说，要想让神经症患者放弃他对于无条件的爱的要求，就相当于让他彻底改变整个人生态度。

对爱的病态需要的所有特征，都共同表明了一个事实，即神经症患者内心的各种冲突和矛盾，阻碍了他得到自己所需要的爱。那么，如果只能部分实现他的这些要求，或者完全不能实现他的所有要求，神经症患者又会作何反应呢？

第十章

获得爱的方式和对冷落的敏感

在对神经症患者怎样迫不及待地需要爱，以及他们为何很难接受爱进行思考时，我们也许会觉得他们必须在一种冷热适度的、温暖和煦的感情氛围中，才能获得最大满足。然而，这里必须涉及其他复杂问题，即在此过程中，他们对于任何即使极其轻微的冷落和拒绝都异常敏感，这常常使他们陷入极端的痛苦中。

神经症患者对于冷落有多么敏感，这是很难描述的。延迟约会、长久等待、无法马上得到回应和答复、各持己见等，总之，神经症患者会把所有不符合心意的事情和所有不能达到自己要求的失败都视为拒绝和冷落。他们因为受到拒绝和冷落而重新跌回原本的基本焦虑中，他们还认为遭到拒绝和冷落是极大的耻辱。因为冷落的内涵中包含着侮辱，所以他们因此而极其愤怒，还极有可能公开爆发这种愤怒。例如，一个神经质的女孩亲昵地对待猫咪，却没有得到猫咪的回应，因而会怒气冲天地把猫咪摔到地上。对于神经症患者而言，被要求等待片刻，他们就会以别人不重视自己，所以不想对自己守时来解释这种等待。因为以这样的方式理解别人要求自己等待的事情，他们很有可能会因此而产生强烈的敌意，这使得他们彻底收回自己的感情，变得非常冷漠、心灵麻木，这与他们在几分钟前还急迫地盼望着这次会面是截然不同的。

一般情况下，冷落感与恼怒感的联系处于无意识状态。之所以经常发生这种情况，也许是因为这种冷落感非常轻微，意识很有可能丝毫觉察不到这种冷落感的存在。在这种情况下，患者特别容易被激怒，而且会充满抱怨，怨声载道，感到疲倦，郁郁寡欢，时常发生头痛难忍的情况，却完全不知道原因何在。况且，不仅遭受冷落或者认为自己遭受冷落会引发这种敌对反应，即使只是预先设想到有可能遭受冷落，也会引发这种敌对反应。例如，一个人也许会愤怒地提出问题，这是因为他已经预想对方会拒绝回答他的问题。因为预感到女朋友也许会误解自己送花的动机是不可告人的，所以他很有可能不会送花给女朋友。因为同样的理由，他还会恐惧表现出诸如喜欢、感激和赞赏等正面感情。所以他会表现得比自己真实的本性更加冷漠麻木，拒人于千里之外，这不但给别人留下了糟糕的印象，也使自己形成了错误的自我认知。此外，因为预想到自己有可能遭到女人的冷落，所以他会以玩世不恭的态度，采取报复手段对待女人。

如果神经症患者对冷落的恐惧越来越剧烈，那么他就会逃避一切有可能发生的冷落和否认。这种逃避行为的范围覆盖极广，小到买香烟却不好意思要火柴，大到不敢走出家门找工作。这些人恐惧一切可能遭遇的冷落，所以总是刻意疏远自己喜欢的女人或者男人，必须在有绝对把握的情况下，他们才敢尝试表白心意。这种类型的男人之所以生气，很有可能是因为自己不得不主动邀请姑娘们跳舞，在此过程中，他们极其害怕姑娘们只是因为礼貌才接受他们的邀请，他们总觉得在这个方面女人们是更加幸运的，因为女人们无须主动表白和示好。

换种表达方式对此进行阐述，即恐惧冷落也许会导致很多极其严重的抑制，这将使神经症患者更加胆怯害羞。这种胆怯害羞可以帮助他们保护自己，避免遭到冷落和拒绝；与此同时，他们还会为了自卫，而坚持不被人爱的信念。这种类型的人好像每时每刻都在告诉自己："不管怎样，我都无法得到人们的喜欢，所以我最好乖乖躲到角落里，这样才不会遭到任何冷落。"如此一来，因为恐惧冷落，他们在获得爱的道路上遇到了巨大障碍，因为这种恐惧使人无法感知到或者知道自己原本是非常希望赢得他人关注的。此外，产生于冷落的敌意，必然使焦虑越来越尖锐，甚至越来越强烈。所以，恐惧冷落使人进入了恶性循环中，也起到了决定性的作用，使人无法逃离这种恶性循环。

这个恶性循环正是由爱的病态需要的各种不同内涵形成的，即：焦虑→对爱的过分需求，要求绝对排他的无条件的爱也包含其中→因为无法实现这些要求而产生的冷落感→怀着强烈的敌意对这种冷落感做出反应→因为害怕失去爱而必须压抑这种敌意→由这种压抑导致一种弥漫性愤怒→焦虑的加深→对获得安全感需要的加深……

如此一来，有些手段原本被用来对抗焦虑，获得安全感，却产生了新的焦虑和新的敌意。

形成恶性循环不但在我们的讨论中具有代表性的意义，从更广泛的角度来看，它还是神经症最重要的一个过程。所有保护性措施不但不能够给人以安全感，还具有产生新焦虑的性质。一个人想要减轻焦虑，因而借酒浇愁，但是随后，他又担心饮酒有害身体健康；为了减轻焦虑，他还可以采取手淫的方式，但他又很担心手淫会危害他的身体健康；也有可能，他虽然接受治疗缓解焦虑，但是马上又害怕这种治疗会危害他的身心健康。神经症患者的症状之所以越来越严重，正是取决于这种恶性循环的形成，即使外界条件毫无变化，也无法阻止病症的恶化。所以，精神分析最重要的任务之一，就是揭示这个恶性循环及其内涵。神经症患者本人不能把握这个恶性循环，而只能关注到恶性循环导致的后果，也会意识到自己因此陷入了一种绝望无助的处境中。他觉得自己身陷天罗地网，这正说明他已经意识到自己无法冲破重重困境。任何有可能指引他脱离困境的出路，都只会再次使他陷入新的危险。

人们情不自禁地产生疑惑：在内心障碍重峦叠嶂的情况下，神经症患者还能否借助于某些方式获得他想要的爱。这就要求必须先解决两个实际问题：首先，怎样才能获得必须获得的爱；其次，对于自己对爱的需要，如何让自己和他人都视之为合理。我们粗略地描述能够获得爱的不同方式：①笼络收买；②乞求怜惜；③诉求公正；④恐吓威胁。无疑，这种分类和所有心理因素一样，是按照一般趋势的指征进行区分的，而没有按照严格规范的方法进行分类。这些不同的方式并不相互排斥，它们可以交替或者同时使用，这是由环境和整个性格结构，以及敌意的强烈程度决定的。其实，这四种获得爱的方式正是以敌意增加的程度为标准进行排序的。

笼络收买是第一种获得爱的方式。当神经症患者试图以笼络收买的方式获得爱时,我们可以认为他的格言是:"**我深爱着你,作为回报,你也应该爱我,并且为了我的爱而心甘情愿放弃所有。**"其实,在我们的文化中,相比起男性,女性更为频繁地使用这种策略,这取决于女性长期的生活环境。成百上千年来,爱始终是女性的特殊生活领域,也始终是女性实现所有愿望的主要途径或者唯一途径。在成长的过程中,男人们一直信念坚定,即他们必须有所成就,才能实现某种愿望。和男人不同,女人们一直坚信只有通过爱的方式,她们才能获得安全、名望和幸福。这种差异体现在文化地位方面,严重地影响了男性和女性的心理发展。我们不应该在这里讨论这种影响,但是它导致的后果之一就是在神经症中,和男性相比,女性更加频繁地把爱作为一种策略;同时,她们还凭着自身对爱的主观信念,给这个要求披上了合理化的外衣。

在恋爱关系中,这种类型的人痛苦地依赖对方,并且因此使自己处于一种特殊的危险情境中。可以想象,假如一个女人对

爱怀有病态需要，依附于一个和她属于相同类型的男人，那么每当她逼近他一步，他就会退缩一步；如此一来，她会对这种拒斥行为产生强烈的敌意，也做出相关的反应，但她必须压制这种敌意，因为她很担心失去他。一旦她收敛自己的感情，和男人一样向后退缩，男人就会一改被动和畏缩的姿态，反而主动追求她，想要俘获她的芳心。如此一来，她只能压抑敌意，以一种极其夸张和得到强化的爱，把敌意掩饰和伪装起来。就这样，她再次遭到拒斥，再次产生敌意，最终再次产生强烈的爱。在这样循环往复的过程中，她最终会承认的确有一种无法战胜的"伟大激情"正在支配着她。

另一种可以被认为是一种收买笼络形式的方法，即试图通过理解对方，在对方精神和事业的发展上帮助对方，为对方解决种种困难，以及通过其他类似的行动来赢得对方的爱。这种方法往往为男女双方所共同使用。

乞求怜惜是第二种获得爱的方式。为了吸引他人的关注，神经症患者会呈现他正在遭受的痛苦，呈现他孤苦无依的状态。他的格言是："我正在受苦，还孤苦无依，所以你应该爱我。"与此同时，他还把痛苦作为正当理由，让自己有权向别人提出过分要求。

在某些情况下，他们会以公开方式表达这种乞求。每当这时，患者总是强调他的病情是最严重的，所以理应得到医生的最大关注。对于那些看起来比较健康的患者，他会表示蔑视，对于那些和他相比使用着这种策略更加成功的人，他则满怀嫉妒。

在乞求怜惜的各种方式中，都不同程度地掺杂着敌对心理。

神经症患者可以只乞求我们的好心，也可以采取某些极端的方式胁迫我们，从我们这里得到恩惠，例如，他们会使自己身处绝境，从而迫使我们援助他们。在医务工作中，或者在社会工作中，所有工作者如果必须与神经症患者打交道，那么都要深刻认识到这种策略是极其重要的。一个试图以戏剧性的效果呈现自身困境，从而胁迫他人怜悯自己的神经症患者，与一个能够就事论事、合理解释其自身所陷困境的神经症患者，是有本质不同的。在处于不同年龄段的儿童身上，我们也可以发现相同的变化形式和相同的倾向。儿童既能够通过表达的方式诉说自己的苦恼，从而赢得父母的关注和关爱，也能够在潜意识的驱使下使自己身陷某种恐怖的情境，例如无法进食，或者无法排便，从而赢得父母的关注和关爱。

当患者坚信自己无法通过其他方式获得爱，那么他们就会采取乞求怜悯的方式获得爱。这种信念可以高度理性化，具体表现为不相信所有的爱，也能够采取如下所述的形式：坚信在特殊的情境中，爱无法以任何其他方式获得，而必须采取乞求练习的方式获得。

诉求公正是第三种获得爱的方式。在这种方式中，神经症患者的格言如下所述："**我为你做了这件事情，你将会为我做什么事情呢？**"在我们的文化中，妈妈们总是强调为了孩子她们做出了巨大牺牲，所以孩子有义务一直孝顺她们，对她们表示忠诚。在恋爱关系中，很多人以答应对方的追求为砝码，在未来向对方提出要求。这种类型的人每时每刻都在充满热情地想要为他人付出，但是内心深处却隐隐约约地期待得到他人的回报，期待能够从他人那里得到自己想要的一切；如果对方不愿意给予他回报，他就会大失所望。在这里，我所指的并非那些有意识地主动谋划的人，而是那些压根没有主动想过得到任何回报的人。他们的慷慨带有强迫性，更准确地说，是一种变戏法的姿态。他们之所以为他人做很多事情，正是他们希望他人也能够为自己做很多事情。必须在极度失望的情况下，他们受到极度尖锐的刺激，才能证明他们的确存在期待回报的心理。有时，他们仿佛在头脑中保存了一本记账簿，把他人欠他们的所有人情债都记录在册，因为他们已经慷慨无私地为他人做出了牺牲，哪怕对于他人而言这些牺牲没有任何实际意义，诸如彻夜未眠等。然而，对于他人为他们做出的牺牲，他们或者少记，或者不记。从这个意义上来说，他们彻底扭曲了实际情况，使得他们误以为自己有权要求得到特

殊照顾。反之，这种态度也会影响神经症患者，因为他也许会特别害怕欠下别人的情分。因为他在本能的驱动下以己之心度他人之腹，所以他担心自己在接受了别人的恩情和帮助后，他人也会敲诈和勒索他，还会利用他。

这种求助公正的方式可以以这样的心理为基础建立，即只要我有机会，我就很愿意为他人做这样的事情。神经症患者会反复强调，如果他扮演对方的角色，他一定会非常宽容友善，充满博爱，也一定会非常愿意做出自我牺牲。因为他没有向别人提出更多的要求，而且他要求的事情都是他愿意主动去做的，所以他认为自己的要求是正当且合理的。其实，神经症患者没有发现也没有意识到自己的这种正当化心理有多么错综复杂。他之所以描述自身性质，恰恰是因为他在潜意识的驱动下把他对别人的要求放在了自己身上。但是，因为他的确具有某种自我牺牲倾向，所以这并非纯粹的欺骗。这种自我牺牲倾向产生于他以失败者自居，产生于他缺乏自我肯定的倾向，产生于他受到本能的驱使倾向于宽容他人，这样他就能期望得到他人同样宽容的特殊心理。

诉求公正的方式也许含有敌意，在要求赔偿所谓的伤害时，这种敌意表现得特别明显。在这种情况下，神经症患者的格言是："你让我饱受痛苦，你彻底毁灭了我，所以必须帮助我、支援我、照顾我。"这种策略和创伤性神经症患者使用的策略是很相似的。哪怕我没有亲身治疗创伤性神经症的经验，我依然相信创伤性神经症同样属于这个范畴。

神经症患者为了使自己的要求正当且合理，往往会采取使他人产生负疚感或者犯罪感的方式，对此，我们要举例说明。面对丈夫出轨，一位妻子生病了，在此之前，她非但没有谴责他，甚至压根不认为他应该受到谴责。但她的生病却是一种内在谴责，目的在于使她的丈夫产生负疚感，从而促使他心甘情愿地对她保持忠诚。

还有一位女性患了迷狂症和歇斯底里症，她也是这种类型的神经症患者。她总是执意帮助姐妹们做很多家务，但是才一两天过去，她又情不自禁地因为姐妹们接受了她的帮助而非常愤怒。这样一来，她的症状急速加重，她只能卧病在床，而她的姐妹们不但需要亲自料理家务，还需要投入更多的时间和精力照料她。同样地，她健康状况恶化也是责难的表示，这最终导致他人不得不对此进行赔偿。有一次，当姐妹们批评她时，她突然晕倒，这充分表现出她的怨恨，并且胁迫姐妹们必须同情和怜惜她。

恐吓威胁是第四种获得爱的方式。我有一位患者。在接受精神分析治疗时，她的病情日益恶化，此外，她还陷入一种幻想之中，非但认为精神分析将会使她的精神彻底崩溃，还认为精神分析会抢走她的所有财产。出于这样的想法，这位患者坚持认为我未来必须全权照顾她。各种治疗过程中都有可能发生这样的情况，有些患者还会公开威胁医生。在比较轻微的程度上，下述情况屡见不鲜：每当精神分析医生去休假，患者的病情就会肉眼可见地加重；但患者总是以隐晦或者公开的方式断言，正是因为医生的过错，他的病情才会持续恶化，所以他有权利要求医生关注他。

就像这些例子表明的，这种类型的神经症患者为了责难他人、苛求他人，宁愿承受巨大的痛苦。但他们对此毫无意识，正因为如此，他们才能维持自己内心的公正感。

当一个人以威胁作为手段获得爱时，他极有可能伤害自己，或者伤害对方。他会不择手段地采取各种方式，例如败坏自己或者对方的名声，对自己或者对方施暴，从而威胁和要挟对方。最常见的方式，就是以自杀威胁对方。我有一位患者，为了与两个男人结婚，都曾使用过威胁的手段，也的确如愿以偿。在第一个男人想要拒绝结婚时，她在闹市区跳河；当第二个男人不愿意步入婚姻时，她在确保自己会得救的情况下打开了煤气。显而易见，她只是想以这样的方式表明，如果失去对方，她就不能继续活着。

对于神经症患者而言，采取威胁的手段，目的在于迫使他人认可他的要求，所以在有希望得偿所愿的情况下，他不会轻易采取威胁的方式。反之，如果他认定自己不可能获得成功，就会出于报复心理，带着绝望实行威胁。

第十一章

在爱的病态需要中，性欲产生的作用

爱的病态需要常常以永不知足的性饥饿或者性迷恋的方式呈现出来。基于这个事实，我们必须提出如下问题：神经症患者对爱的病态需要，是由性生活的不满足推动产生的吗？他们之所以渴望获得爱、接触、赞赏和支持，也许安全感的需要不是主要的推动力，而力比多的不满足才是主要的推动力吧？

对于这个问题，弗洛伊德是有所倾向的。他认为，绝大多数神经症患者都迫不及待地想要与他人接触，并且具有依附于他人的倾向。他相信，正是对力多比不满足，人们才会具有这种倾向。然而，这种思想必须拥有前提条件才能得以成立。而前提条件是它假定的所有本身并不具备性色彩的外在表现，例如想要得到忠告、支持和赞许等，都是性需要在经过"冲淡"或得到"升华"后的表现；它还假定温情是力多比遭到抑制或者得到"升华"的表现。

迄今为止，我们还没有证实这些作为前提的假定。其实，情爱、温柔的感受与表现和性欲之间的联系，远远不如我们一般想象的那么密切。人类学家和历史学家认为，个人的爱是文化发展的产物之一。布利弗奥特特别强调："和性欲与温情的关系相比，性欲与残酷的亲缘关系是更为亲近的。"虽然大家并不完全相信他的这种说法，但通过观察我们文化中的各种现象可以得知：性欲的存在并非必须有爱与温情的陪伴；反之，爱和温情的存在也并非必须有性欲的伴随。例如，没有任何证据可以表明，妈妈与孩子之间的温情具有性欲性质。我们只能通过观察提出性因素也许存在的观点，此外，这是弗洛伊德的观察结果，而非我们的观察结果。温情与性欲之间的联系的确紧密：温情可以作为性欲的前驱；我们也许怀有性欲，却只能意识到温情；性欲能够刺激温情增长，也可以彻底转化为温情。虽然温情与性欲之间的各种转化充分证明它们之间关系密切，但我们最好依然保持小心谨慎，不如假定它们作为两种感觉属于不同范畴。它们的存在既能够相互吻合，也能够相互替代，相互转化。

况且，如果我们认可弗洛伊德的观点，假定我们之所以追求爱，是因为没有得到满足的力比多为我们提供了动力，那么我们就无法理解为什么有些人在生理学角度上获得了性生活的满足，却依然表现出对爱的渴望，而且具备所有复杂表现，例如占有欲、无条件的爱、担心自己不被需要等。正是因为这些情境都是切实存在的，所以我们才能得出必然的结论：这些现象的原因在性领域之外，而并非起源于未得到满足的力比多。

最后，如果对爱的病态需要仅仅是一种性欲现象，那么对于与此密切相关的各种问题，我们是很难理解的。例如，我们无法理解占有欲、无条件的爱、冷落感等问题。确实，我们已经发现了这些问题，并且已经详细地描述过它们。例如，追根溯源，嫉妒也许与兄弟姐妹的竞争心理或者俄狄浦斯情结是有关联的，无条件的爱则与口唇性欲有关，占有欲与肛门性欲有关。然而，人们始终没有意识到我们在前文描述的各种态度和反应，其实属于同一范畴，是同一个总体结构的组成部分。我们必须了解**焦虑是**

隐藏在爱的需要背后的动力，才能理解产生这种需要时而低落的具体条件。

  我们可以借用弗洛伊德自由联想的方法，特别关注患者对爱的需要的变化和波动，这样就能够在精神分析过程中准确地观察焦虑与爱的需要之间有怎样的关系。当相互合作和建设性工作已经开展一段时间之后，患者也许会在极其短暂的时间内改变自身的行为，渴望得到医生的友谊，要求占用医生的时间；他也许会盲目地崇拜医生，或者变得嫉妒心重、固执己见，或者对于自己作为患者的身份过分敏感。同时，患者的焦虑还会持续增加，具体表现在梦中，或者表现在自认为非常忙碌，或者表现为各种生理症状，例如尿频、腹泻等。患者丝毫没有意识到自己已经产生了焦虑，自然也就不会知道正是焦虑促使他越来越依恋和依附于医生。医生在发现这种联系之后，如果把它呈现给患者，那么医生和患者就会一起发现：当医生提起患者突然迷恋医生的现象时，患者会陷入极度的焦虑之中。再如，对于医生的解释，他将其视为一种责难或者侮辱。

这一连串的反应如下所述：出现了新的问题，在讨论新问题时，患者对医生产生了强烈敌意；患者越来越仇恨医生，在梦中都诅咒医生死去，他马上压抑自己的敌对冲动，陷入了极度的恐惧之中，为了满足自身安全的需要，他不得不依靠着医生。当所有反应依次发生之后，就会迫使敌意、焦虑和持续增加的爱的需要越来越淡化，甚至退居幕后。随着焦虑的发生，爱的需要的高涨也频繁且有规律地发生，这使得我们有充足的理由将其视为一种警报信号。它提醒我们，患者渐渐地意识到某种焦虑的存在，所以他们才会需要获得安全感。我们描述的这个过程不但存在于精神分析的过程中，而且发生在私人关系中。例如，在婚姻关系中，虽然丈夫很憎恨和恐惧妻子，却依然会选择依附于妻子，支持和赞美妻子，并且把妻子的形象理想化。

对于这种依附于隐藏仇恨的、夸张的忠诚，我们有充足理由将其归纳为过度补偿。不过，必须注意的是，这个术语只是大概描述了这个过程，而没有涉及该过程的动力作用。

如果因为上文所述的这些原因，我们就反对从性欲病因学的角度解释对爱的需要，那么我们必然会感到疑惑：对爱的病态需要，难道只是极其偶然地与性欲一起出现，或者只是看起来很像性欲吗？当具备一些特殊的条件之后，我们是否就可以以性的方式表现出对爱的需要，或者以性的方式，使得对爱的需要被人所感觉到。

从某种程度上来说，外部环境是否有利于性欲的表现形式，决定了爱的需要是否以性欲的形式表现出来。除此之外，在某种程度上，生命活力的差异、文化的差异和性气质的差异，以及个人的性生活是否满意，都决定了爱的需要是否以性欲形式表现出来。如果一个人不满意自己的性生活，相比起那些对自己的性生活感到满意的人，他们更倾向于以性的方式做出反应。

> **爱的病态需要以性的形式表现出来，需要一定条件：**
> - 外部环境是否有利于性欲的表现形式
> - 生命活力的差异
> - 文化的差异
> - 性气质的差异
> - 个人性生活满意度

虽然所有因素都是显而易见的，而且确凿无疑地影响着个人反应，但它们还能充分说明个体与个体之间的基本差异。在对爱有病态需要的特定数量的人中，这些反应对于不同的人而言是不同的。所以，我们发现，他们之中的某些人在接触他人的过程中，马上就会强迫性表现出不同强弱程度的性色彩；除了他们，其他某些人的性兴奋和性活动程度却维持着正常的情感水平和行为范畴。

有些男性和女性属于前一种类型，他们习惯于从一种性关系中跳到另一种性关系中。更加深入地观察这些性关系，我们可以发现：一旦失去这种关系，或者没有希望在很短的时间内建立这种关系，他们就会深感不安，或者认为自己缺乏保障，这使得他们的行为举止非常怪异。还有一些人虽然和他们属于同一类型，但是抑制倾向更加明显，他们虽然根本没有这种关系，他人也并没有特别吸引他们，但是他们依然一厢情愿地在自己与他人之间营造爱欲氛围。最后，这种类型还有第三种人，即在性上表现出更强烈抑制倾向的人。虽然这样，他们却轻而易举就会产生性兴奋，并且情不自禁地将随便哪个男性或者女性视为潜在的性对象。对于这种人，他们很有可能会以强迫性手淫取代性关系，但是未必总是如此。

提起生理满足的程度，这种类型的人相差悬殊。对于他们而言，除了性需要具有强迫性质外，他们还有一个共同点，即对于性对象，他们都显而易见地缺乏选择性。和那些对爱有病态需要的人一样，他们也具有同样的性格特征。此外，我们会惊讶地发现：他们每时每刻都准备进入想象中的或者事实上的性关系，同时，他们对于他人的情感关系发生了紊乱，相比起普通人的基本焦虑有着更为深刻的情绪失调。这些人不但不能相信爱，他们哪怕能够得到爱，也根本于事无补，因为他们的心理严重失调。这意味着，男人有可能患上阳痿。他们也许对自己采取的保护性姿态有所觉察，否则，他们就会责怪性对象。在责怪性对象的情况下，这些人总会抱怨自己迄今为止还没有遇见一个喜欢的男人或者女人。

对这些人而言，性关系不但能够缓解特定的性紧张状态，而且还可以采取这种唯一的方式开展普通人际交往活动。如果一个人坚定不移地认为，对他而言，根本不可能获得爱，那么，他为了取代感情交往，就会进行肉体接触。在这样的情况下，他们哪怕没有把性关系视为唯一的交往渠道，也已经把性关系视为最重要的交往渠道，为此在他们的心目中，性关系是至关重要的。

很多人都缺乏选择性，这使得他们不加区分地选定性对象，甚至会对潜在的性对象的性别也不加区分。他们也许会主动与男性或者女性发生性关系，还有可能对别人的性要求表示顺从，而丝毫不在乎提出性要求的是异性还是同性。在这里，我们不想讨论第一种人，因为虽然他们把性关系作为唯一获得人际联系的手段，但是他们的基本动机并非爱的需要；与此相反，他们倾向于征服他人。这种愿望非常强烈，无法遏制，使得性别的问题相对退居其次。总而言之，他们认为不管是从其他方面，还是从性关系的角度上，他们都必须征服男人和女人。然而，第二种人倾向于被动地屈服于同性或异性，是因为他们本身有很多爱的需要。在他们之中，很多人不敢拒绝对方提出的性要求，不敢为了保护自己而不顺从他人正当或者不正当的性要求，主要是因为担心失去对方。他们迫不及待地想要接触对方，和对方交往，所以特别担心失去对方。

对于这种不分男女对象就发生性关系的现象，不应该用某种"双性倾向"进行解释，因为这是误解。在这样的情况下，没有任何证据可以证明神经症患者真正依恋同性。当焦虑被一种健全的自我肯定取代之后，正如不加区分地选择异性性对象的倾向会马上消失一样，这种流于表面的同性恋倾向也会马上消失。

针对双性倾向的言论，同样能够启迪同性恋问题。其实，在"双性"类型的人和有明显同性恋倾向的人之间有很多过渡手段。在有明显同性恋倾向的人的生活中，有很多显而易见的因素足以解释他为何排斥异性，为何不选择异性作为性对象。无疑，同性恋问题是非常复杂的，我们无法只从一个角度或者一种观点对此进行理解。在这里，我只能说我所见过的所有同性恋者身上都同时存在"双性"类型的人所具有的因素。

近几年来，很多精神分析专家再三强调：因为性兴奋和性满足能够帮助人们释放内在的焦虑和始终被压抑的心理紧张，所以人们的性欲很有可能变得越来越强。这种解释是机械性的，从某种意义上而言是正确的，但我认为焦虑也从心理角度增强了性需要。这是一种特殊的心理过程，我们应该发现和认知这些心理过程。这个信念的提出有两个基础，一个基础是精神分析的观察，另一个基础是结合患者无关性欲的性格特点，全面考察患者的生活经历。

这种类型的患者也许从最初就会满怀热情地对待医生，迫不及待地渴望获得某种爱的回报。他们也许会始终保持一种非常冷漠的态度，其实是把自己对于性亲昵的需要进行了转移，例如转移到某个局外人身上。这个局外人也许很像医生，也许因为患者在梦中把局外人与医生等同起来，所以局外人代替了医生。最终，也许只有在梦中，或者只是在与医生见面产生性兴奋状态时，这些患者才会想要与医生建立性关系。对于这些显而易见的性欲表现，患者本人也是非常惊讶的，因为他们既没有为医生折服，也没有真正爱上医生。其实，在这样的情况下，医生的性魅力所发挥的作用是微乎其微的，也是可以忽略不计的。此外，和其他人的性需要相比，患者的性需要未必更加急迫，也未必更加不可遏制，和其他人的焦虑相比，患者的焦虑未必会更少或者更多。患者与其他人的本质区别在于，他们怀疑一切形式的真爱。他们认为医生纯粹是因为自私，所以才会对他们感兴趣；他们坚信医生发自内心地蔑视他们，所以很有可能会伤害他们，而非帮助他们。

正是因为神经症患者高度敏感，所以在每次进行精神分析的时候，他们都有可能做出诸如愤怒、仇恨怀疑等反应。有些患者有特别强烈的性需要，在他们身上，这些反应转化为特别顽固的态度。这种反应和态度，就像一堵看不见且无法穿透的墙，横亘在患者和医生之间。当触及自身的困难问题时，他们会凭着本能不假思索地退却和屈服，使得分析治疗中断。在分析治疗的过程中，他们的这种表现以浓缩的方式呈现了他们在整个生活中的所有表现。区别在于：在开始精神分析治疗前，他们对于自身的人际关系多么脆弱和错杂是毫无知觉的。但他们常常会在不知不觉间涉及性关系，这只会使他们更加严重地混淆实际情况，使他们产生错误的理解，误以为他们随时都能与他人之间建立性关系，就足以说明他们在整体上拥有良好的人际关系。

我所说的这些心态总是频繁且富有规律地在同一时间出现。所以，当发现患者在最初进行精神分析时就持续表现出对医生的性妄想、性欲望，而且经常会做与医生相关的性梦，我就认为他的人际关系中有着不同寻常的严重失调。以这个方面的全部观察作为基础，我发现，相对而言，医生的性别并没有那么重要。很多患者先后接受男性医生和女性医生的分析治疗，对于不同性别的医生，他们常常会做出相同的反应。对于这种情况，如果只是以表面现象为根据，就对患者在梦中和其他方面呈现的同性恋愿望妄下定论，也许会导致非常严重的错误。

从这个意义上来说，整体而言，正如"闪光的未必是金子"，性欲的各种表现也未必是性欲。大多数表现虽然看上去很像性欲，其实只是对安全感的欲望，而与性欲没有任何关系。只有在考虑这一点的前提下，我们才不会高估性欲的作用。

因为潜藏的内在焦虑造成紧张而性欲高涨的人，总是认为强烈的性欲起源于自己的天性和气质，或者起源于自己过于开放的思想而挣脱传统和习俗的禁忌。和所有高估自己睡眠需要的人犯下的错误相比，他们犯下的错误也是一样的。那些高估自己睡眠需要的人想象自己需要至少 10 小时的睡眠才能满足身体需要，其实，正是各种被压抑的情感才决定了他们产生了过高的睡眠需要。睡眠作为一种手段，可以用来逃避内心，强迫性进食、强迫性饮酒也适用于同样的道理。生命的需要，涵盖吃、喝、睡眠和性交等。个人的体质，以及其他很多条件，都会制约它们的强烈程度。例如气候、能否满足其他需要、是否存在外在刺激、工作紧张的程度如何、当下的生理状况等，都属于其他制约条件的范畴。与此同时，随着这些条件的变化，它们也处于不停的变化之中。因为无意识的因素存在，所以这些需要会呈现出增加的趋势。

性欲与对爱的需要之间的关系，可以帮助我们对节制性欲的问题加深理解。文化和个人的因素，决定了这种禁欲行动能否得以持续。在个人方面，各种心理因素和生理因素决定了它。然而，一个人如果需要以性行为缓解焦虑，那么就无法坚持长期禁欲，甚至无法坚持短期禁欲。

我们进行了这些相关的考虑，不得不反思性在我们文化中发挥的作用。对于在性问题上的自由和开明，我们常常感到骄傲、感到满意。毫无疑问，自从维多利亚时代开始，确实发生了很多好的转变。在性关系上，我们更加自由，和以前相比，我们更有可能获得性满足。对于女性而言，后一点是尤其适用的：人们不再普遍认为女性就该性冷淡，而是意识到性冷淡对女性而言是一种缺憾和不足。然而，虽然的确发生了这些变化，但这方面的进步还是太过迟缓，也没有那么深远的意义。在当今社会中，很多人都把性行为作为发泄心理紧张的方式，也可以疏导负面情绪，而非纯粹因为真正的力比多才发生性行为。从某种意义上来说，我们更应该把性行为当作镇静剂，而非当作性享受和性娱乐。

同样地，文化情境也反映在精神分析的概念中。弗洛伊德最伟大的一个成就，就是他做出了极大的贡献，才给予性以应有的重要性。然而，从细节的角度来说，很多现象被认为是性欲的表现，其实只是各种复杂的神经症状况的表现，特别是对爱的病态需要的表现。例如，一般情况下，与医生相关的性欲会被定义为重演父亲或母亲的性欲固着作用的表现。但它们根本不是性愿望，只是想要获得安全保障而已，其目的在于缓解焦虑。的确如此，患者总是会陈述各种梦境和联想，例如他们拥有某种愿望，即想要回到妈妈的肚子里，或者躺在妈妈的怀抱里。这些联想和梦境说明患者产生了一种对爸爸或者妈妈的移情作用。除此之外，我们还要认识到，这种显而易见的移情作用也许仅仅表明孩子当下希望得到爱,或者想要得到庇护。

即使认为这种以医生为对象产生的性欲望可以解释为重演对爸爸或者妈妈的类似欲望,也没有确凿的证据能够证实幼儿对父母的依恋从根本上来说是一种性依恋。无疑,很多证据都表明,早在童年时期,那些成年神经症患者身上就已经存在爱与嫉妒的特性,它们被弗洛伊德定义为俄狄浦斯情结的特征。然而,和弗洛伊德设想的不同,这种情形并非普遍存在的。就像我说过的,俄狄浦斯情结并非初始过程,而是很多不同类型的过程产生的结果。它也许是一种非常简单的儿童反应,产生于父母对子女做出的包含性刺激的爱抚,产生于孩子对性场面的目睹,或者产生于父母盲目地把孩子作为自己爱的对象。从另一个角度来说,它也许是一种特别复杂的过程产生的结果。就像我所说的,有些家庭环境就相当于是给俄狄浦斯情结的生长提供了温床,在这样的家庭里成长，孩子的内心充满了恐惧和敌意，当他们压抑这些恐惧和敌意时，就会促使焦虑开始发展。在这些病例中之所以存在狄浦斯情结，其主要原因是孩子为了获得安全感而牢牢抓住父母中的某个人不愿意撒手。其实，就像弗洛伊德所描述的那样，获得充分发展的俄狄浦斯情结标志着爱的病态需要的各种倾向和特征，例如苛求无条件的爱、嫉妒心理、占有欲、因为受到冷落或者拒绝而心生仇恨等。在这些病例中，俄狄浦斯情结只是一种神经症形式，而非神经症的根源。

第十二章

追求权力、声望和财富

在我们的文化中，人们常常以追求爱的方式对抗焦虑，获得安全感。除此之外，还可以以追求权力、声望和财富的方式对抗焦虑。

至于为何把权力、声望和财富作为同一个问题的不同方式进行讨论，我必须做出解释。从细节的角度来说，一个人受到主导倾向的作用，决定追求这种目标或者那种目标，一定会导致个体人格产生巨大差异。神经症患者在追求安全感的过程中，到底从所有目标中选择哪一个目标去实现，既取决于外部环境，也取决于个体在天赋和心理结构上存在的差异。因为它们都有一个共同点，所以我们可以把它们视为统一的整体，也正是这个共同点，才能准确区分它们与爱的需要。==获得爱往往表明采取强化与他人接触的方式获得安全感，而对权力、声望和财富的追求，则表明采取放松的心态与他人接触，只要坚守自己的位置，个体依然可以获得安全感。==

从本质上来说，正如获得爱的愿望本不是病态的愿望一样，统治和支配他人的愿望、获得声望的愿望、得到财富的愿望也并非病态的倾向。必须将其与正常的追求进行比较，我们才能理解在这个方向上的病态追求具有怎样的特征。例如，正常人往往会在意识到自身力量上的优越之后，才会产生权力感。所谓力量，指的是身体的力量或者能量，也指的是精神上的智慧、能力和成熟。除此之外，追求权力也许与某些特定的原因密切相关，再如，家庭、团体、祖国、家乡、某种科学思想或者宗教思想等。然而，仇恨、焦虑、自卑感却是孕育权力的病态追求的土壤。从严格意义上来说，正常追求权力产生于力量，病态追求权力则产生于虚弱。

此外，我们还要考虑文化因素。在不同的文化中，个人的权力、声望和财富未必都能发挥作用。例如，在普韦布洛印第安人中，坚决不提倡对名望和财富的追求，这使得他们的个人财富相差无几。在他们的文化中，不提倡以任何形式统治和支配他人，更不能以它作为手段获得安全感。因为环境如此，所以反其道而行是没有任何意义的。在我们文化中，正因为在我们的社会结构中，人们可以通过追求和获取权力、名望和财富得到安全感，所以神经症患者才会狂热地追求权力、名望和财富。

我们发现这种追求的形成从事实意义上证明了无法通过爱获得安全感，更不能以这样的方式对抗潜在的焦虑。我必须举例说明爱的需要得不到满足时，到底是怎样的野心促使我们展开追求。

女孩有一个哥哥，哥哥比她大4岁。她强烈地依附于哥哥，有一段时间里，他们沉迷于具有一定性色彩的温情中。但是，当女孩8岁时，哥哥突然很冷漠地拒绝女孩，理由是他们都已经长大了，不能再玩具有性色彩的游戏了。发生这件事情没多长时间，在学校里，女孩突然表现得特别有野心。显而易见，她因为追求爱遭到失败，与此同时，她没有其他人能够依附，所以她因为失望而变得特别痛苦，由此产生了野心。在她的家庭生活中，爸爸对待孩子向来冷漠，妈妈则显而易见地偏爱哥哥。她不仅感到失望，也觉得自尊心受到了可怕且沉重的打击。她不理解哥哥对待她的态度之所以发生变化，是因为哥哥马上就要进入青春期了，她只是因为被哥哥拒绝亲近而倍感屈辱。一直以来，她的自信心都很不稳固，所以她的羞耻感和屈辱感比常人更加强烈。首先，妈妈不喜欢她，也不需要她，她感到自己在家里是多余的，妈妈非常漂亮，得到很多人的喜爱和赞美。其次，妈妈偏爱哥哥，也特别信任哥哥。因为与爸爸的婚姻很不幸福，所以妈妈每当有了苦恼，就会向哥哥倾诉，也会征求哥哥的意见。就这样，女孩觉得自己彻底被排除在家庭之外。她做了很多尝试，想要获得自己需要的爱：在被哥哥拒绝并且承受痛苦之后没多久，她就对旅途中认识的一个男孩产生了爱意。她得意洋洋，开始把男孩作为主角编织一个美丽的幻想。但是，当这个男孩从她的生活中消失之后，她特别抑郁沮丧，再次产生了新的失望。

她不断地上演着类似的情境，对于她的精神状况，父母和家庭医生都认为根本原因在于她就读的年级太高。他们让她休学一段时间，把她送到一个避暑胜地去疗养，等到疗养结束后，他们把她送进低一级的年级就读。此时，她刚刚9岁，就表现出无所顾忌、凡事争先的野心。在班级里，她固执地要获得第一名。同时，她与以前的好朋友之间关系也恶化了。

这个病例告诉我们很多典型因素都会导致病态的野心：起初，她觉得自己不被家里人需要，所以缺乏安全感，被激发出反抗心理；在家庭生活中，因为妈妈占据最高地位，要求其他家庭成员盲目地崇拜她，绝对地服从她，所以女孩的野心受到压抑；

这种受压抑的仇恨使得女孩产生了大量焦虑；女孩被压抑的自尊心始终没有机会发展，她一直觉得屈辱，又因为被哥哥冷漠地拒绝而受到强烈刺激；最终，她急迫地寻求爱，想要通过这样的方式获得安全感，但她的这种尝试以失败而告终。

很多人都把病态地追求权力、名望和财富作为保护措施，用以对抗焦虑，而且，他们也把这种追求作为途径，发泄受到压抑的敌意。我要针对这些病态追求提供了一种什么样的特殊的保护性措施才能起到对抗焦虑的作用加以讨论。然后，我要针对以它作为特殊方式释放敌意进行讨论。

首先，**我们可以把追求权力作为一种保护性措施，用来与孤独、绝望无助的状态进行对抗。**我们知道，正是这种状态作为基本因素之一，导致焦虑产生。对于自身任何怯懦软弱或者失去希望的感觉，神经症患者都是非常敏感且心怀抵触的，正是因为如此，对于那些正常人习以为常的情境，他们才会想方设法地避免发生。例如，接受指导、劝说、帮助，依赖他人和顺应环境，放弃自己的观点或者认同别人的观点等。这种对怯懦软弱的反抗无法当即就爆发出所有力量，而是必须循序渐进地得以增强。神经症患者越是真切地感受到自己受制于这些抑制作用，越是无法在实际意义上肯定自己；越是感受到自己真实存在的软弱，越是焦虑地想要逃避所有貌似与软弱有着相同之处的东西。

其次，==我们可以把病态追求权力作为一种保护性措施，用来对抗自觉不值一提或者被他人藐视的危险。==神经症患者具有一种非理性的、冥顽不化的权力理想，因此坚信：他能够驾驭所有事情，不管处境多么艰难，他们都能当即渡过难关。渐渐地，这种理想与骄傲感密切相连，最终导致神经症患者不但视软弱无能为危险，而且视软弱无能为耻辱。他对人进行分类，将人分为"强者"和"弱者"，他对强者表示崇拜，而对弱者表示蔑视。对于自己视为软弱无能的所有人，他都冷漠无情。对于那些认可他的看法，对他表示顺从的人，他往往有不同程度的藐视；对于那些内心被禁忌限制，无法成功控制自己情感，所以显得面无表情的人，他打心眼里瞧不起。同样地，对于自己身上的类似品质，他也打心眼里瞧不起。在必须承认自己身上有某种焦虑或者某种抑制时，他会产生耻辱感；得知自己有神经症，他会藐视自己，因而急切地想要掩饰这个事实；当置身于困境中，他却不能独立面对，这让他更看轻自己。

神经症患者最恐惧、最轻视的事情是否是权力的缺乏，决定了他们追求权力将会采取哪些特殊形式。接下来，我会阐述这种追求的很多惯常表现。

既想控制自己，也想控制他人，是神经症患者病态追求权力的表现之一。对于那些并非由他发起或者支持的事情，他都希望不要发生。这种对控制的追求应该采取缓和的形式，即允许他人享有充分的自由，但是必须知道他人做的所有事情；当发现他人对他隐瞒了一些事情，他就会怒气冲天。这种控制他人的倾向很有可能受到强烈的压抑，所以包括他自己在内的所有人都相信：他很慷慨地允许他人享有充分自由。但是，如果一个人完全压抑住自己想要控制他人的欲望，他就有可能会闷闷不乐；每当对方与其他人约会，或者和自己约会时迟到了，他就会剧烈头痛，还有可能剧烈呕吐。因为无法确定到底是什么原因导致相关的生理功能失调，他总是认为罪魁祸首是天气不好、饮食不加节制，或者其他与这些症状毫无关系的原因。很多心理从表面上来看是好奇心作祟，其实取决于想要控制一切的隐秘愿望。

此外，这种类型的人总是奢望自己永远正确。只要被证明犯错或者出错，即使只是在细节上犯了不值一提的错误，他们也会勃然大怒。他们知道的事情必须比任何人都更多，很多情况下，这种态度必然令人尴尬。很多人在其他方面都一本正经、非常可靠，但是只要面临一个问题而想不出来如何解答，就会不懂装懂，甚至随意编造答案。哪怕在这个特殊问题上一无所知，并不会损害他们的名誉，他们也乐此不疲。有些时候，他们特别强烈地希望预先得知接下来将会发生什么事情，或者希望对各种可能性做出预判。这种态度表明他们不想让局面超出他们的掌控能力之外，也表明他们不想冒任何风险。他们强调自我控制，具体表现为不愿意被任何感情随意摆弄。神经症女性患者也许会感受到某个男人对她具有吸引力，但是当那个男人真正爱上她时，她很有可能突然转变态度，不但轻视他，而且瞧不起他。这种类型的患者不允许自己在自由联想中自由驰骋，因为那往往表明对自己失去控制，也有可能使自己被卷入未知领域。

希望所有事情都符合自己的预期，是神经症患者病态追求权力的另一种表现。 如果某个人做的事情不符合他的预期，或者没有按照他希望的方式做某件事情，或者没有在他希望的时间做某件事情，他就会因此恼火。这种厌烦的态度也与上述追求权力的态度是密切相关的。一切形式的延迟，一切不得不进行的等待，即使只是等待交通信号灯，都可能激发他的怒火。对于自己想要支配一切的态度，神经症患者往往没有意识到，即使意识到了，也不知道这种态度是如何影响自己的，又起到了怎样的作用。拒绝承认这种态度，拒绝改变这种态度，的确更能够维护他的利益，因为这种态度起到了极其重要的保护作用。同样的道理，为了避免失去他人的爱，他们还竭力不让他人发现他的这种态度。

在恋爱关系中，这种不自觉的态度是非常重要的，意义也极其微妙。如果恋人或者配偶恰恰没有符合他们的期望，例如忘记给他打电话，或者约会迟到了，或者要处理一些事情而不得不外出，那么，女性神经症患者就会认为对方一点儿都不爱她。对于类似的事情，她都归因于他人根本不需要她，却丝毫没有意识到，她之所以产生这种感觉，是因为对方没有满足她含糊不清的愿望，所以她才会感到愤怒。在我们的文化中，这种谬误确实很常见，在相当程度上，不被人需要的感觉就是由它而产生的。在神经症中，这种不被人需要的感觉是一个极其重要的因素。通常情况下，这种反应是从父母那里习得的。作为妈妈如果支配欲很强，那么当发现孩子公然抗拒自己时，她们就会误以为孩子不爱她，并且把这件事情公之于众。以这样的心理为基础，导致产生了一种矛盾的现象，这种矛盾足以摧毁所有的恋爱关系，这种现象也是令人感到百思不得其解的。一个神经质女孩因为藐视所有软弱无能的男人，所以根本不会爱上任何"软弱"的男人，但是，她又始终希望配偶能够对自己表示顺从，出于这样的原因，她同样无法接受一个"坚强"的男人。正是因为如此，她内心深处既希望男人是大英雄，是无所不能的超人，同时他也非常软弱，对于自己的一切愿望都会无条件屈从。

　　绝不让步，是追求权力的另一种态度。哪怕他人的意见或者建议是正确的，神经症患者也会认为认可他人的意见或者采纳他人的建议是一种软弱的行为，即使只是想到要这么去做，他们也会产生逆反心理。那些对这种态度固执己见的人常常因为害怕屈从于他人，所以采取矫枉过正的态度，强迫自己必须坚持与之相反的立场。这种态度的常见表现方式是，神经症患者坚持认为无须让自己适应世界，反之，世界应该适应他。正是基于这一点，精神分析治疗才会面对重重困难。对患者进行分析治疗的最终目的，并非获得内省的知识，而是通过进行内省改变患者的生活态度。但这种类型的神经症患者明知道这种改变有利于他，却非常厌恶这种改变，因为这种改变对他而言意味着要进行最后的让步。在爱情关系中，也同样存在这种不能这样做的态度。无论爱情到底代表什么，爱情中一直存在对自己的感情，以及对爱人的让步和屈从。不管是女人还是男人，如果不能在爱情中做出这样的让步，就会因为恋爱关系而感到极大满意。在性冷淡中，也有这个因素，因为必须具有彻底放弃自我的能力，爱才能真正获得性高潮。

对于爱情关系来说，追求权力带来了这样的影响，就能够更加深入且完整地理解对爱的病态追求具有的各种含义。如果不把追求权力在追求爱的过程中发挥的作用纳入考虑范围，我们就无法深入且完整地理解对爱的追求中包含着的很多态度。

正如我们所知道的，追求权力是一种保护措施，可以用来对抗怯懦无能感和可有可无感。同样地，追求名望也能起到相同的作用。

很多神经症患者都属于这种类型，他们迫切地想要吸引他人的关注，也想要赢得他人的尊敬和崇拜，这是他们的愿望。他们怀有一种幻想，即以美貌、聪明才智和杰出的能力使自己有所成就，以此打动他人；他们会奢侈浪费，铺张无度，挥金如土；他们会竭尽全力学会谈论当下刚刚上演的戏剧和最流行的新书，他们还会绞尽脑汁结交所有重要的大人物。对于不能让自己崇拜的人，他们不想让对方成为其丈夫、妻子、朋友或者职员。他们正是以他人对自己的崇拜作为基础建立自尊心的，一旦无法得到想要的崇拜，他们就会气馁绝望。也因为他们常常觉得屈辱，所以他们过于敏感。他们自己通常没有意识到这种屈辱感的存在，因为如果他们真的意识到这一点，就会陷入更强烈的痛苦之中；然而，无论他们是否意识到这一点，他们都会以愤怒对此作出反应，这种愤怒与痛苦是成比例的。正因为这样，他们才因为自己所具有的这种态度而持续地产生新的焦虑和新的敌意。

为了纯粹地描述，我们可以给这种人起个名字，叫作"自恋者"。如果从动力学角度出发进行考察，我们很容易会因为这个名字误入歧途。因为虽然神经症患者始终沉溺在自我扩张之中，自恋却不是促使他这么做的主要原因。归根结底，他是为了保护自己，与屈辱感和可有可无感进行对抗，换作正面的表达方式，他是为了让破碎一地的自尊心恢复如初。

他们与他人之间的距离越远，他们对名声的追求就越是有可能向内发展。这时，他们会把追求名声看成是特别清高和具有优越感的需要；相比之下，不管是模糊感觉到的缺点，还是精确认识到的缺点，在他们眼中都是屈辱。

在我们的文化中，也可以通过追求财富的方式保护自己，进而与怯懦软弱、可有可无、委屈羞辱的感觉进行对抗，因为获得财富的人同时也能获得权力和名望。在我们的文化中，对财富的非理性追求普遍盛行，这导致必须将其与其他文化相提并论，我们才会承认这一点：不管在贪婪的意味上，还是在升华生物驱力的意义上，追求财富都并非普遍存在的人类天性。哪怕是在我们的文化中，一旦对这种追求起到制约和决定作用的焦虑得以缓解或者彻底消除，那么对财富的强迫性追求就会自然而然地销声匿迹。

以追求财富作为保护手段与特殊的恐惧进行对抗是很常见的，所谓特殊的恐惧，指的是对居无定所、身无分文的恐惧。对贫穷的恐惧就像鞭子，不停地抽打在人的身上，使人不遗余力地工作，抓住所有挣钱的机会。这种追求具有防御性质，具体表现为神经症患者无法花费自己辛苦赚来的金钱用于奢侈的享受。无疑，追求财富未必仅仅指的是追求物质或者金钱，也可以表现为想要占有他人的态度，或者被当成是保护性手段起到免受失去爱带来的痛苦。我们对于占有现象非常熟悉，很多婚姻中都有这种现象。在婚姻中，这种占有是以法律提供的合法基础为前提的。在很多方面，占有的性质都与我们针对追求权力进行的讨论一样，所以我们不再举例说明。

上文描述的三种追求，不但可以作为对抗焦虑的保障，同样也可以把它们作为发泄敌意的手段。哪一种倾向的追求占据上风，决定了这种敌意到底是具体表现为一种侮辱他人的倾向，或者是一种支配他人的倾向，还是表现为一种剥夺他人的倾向。

对权力的病态追求包含着支配他人的倾向，未必会公然表现为一种针对他人产生的敌意。它可以用具有人本主义性质或者社会价值的外衣伪装自己，具体表现为多管闲事情的态度、给予忠告的态度和希望成为领导者或者开创者的态度。但是，如果这些态度中的确包含着不为人知的敌意，那么诸如配偶、孩子、下属和雇员等人是一定能够感觉到的，并且会因此做出反抗或者顺从的反应。神经症患者常常对于其中包含的敌意无知无觉。哪怕在因为一些事情而怒气冲天时，他也坚信不疑：我在本质上是性情和善的，但是他人居然这么愚蠢，想要反抗我，我才会大动肝火。然而，现实情况却是：神经症患者的敌意以文明的形式伪装起来，一旦事情不符合他们的心意，他们就会公然爆发愤怒。在其他人眼中，使他勃然大怒的事情也许并非反对他的表现，而仅仅是没有遵从他的意见或者和他有意见存在分歧而已。虽然这些小事不值一提，但他依然怒气冲天。对于神经症患者这种试图支配他人的态度，我们可以将其称为"安全阀"。特定的敌意经由这个安全阀，就能够以一种非破坏性的方式得以释放。因为这种态度从本质上来说就是一种淡化了的敌意，所以它能够提供一种有效的途径，对纯粹破坏性的冲动起到破坏作用。

　　因为他人反对而产生的愤怒很有可能会被压抑，在这种情况下，被压抑的敌意也许会催生新的焦虑。它也许会表现为筋疲力竭或者抑郁失落。由这些反应所引发的事件是不值一提的，所以人们压根没有注意到它们的存在。此外，对于自己的这些反应，神经症患者也是毫无觉察的，因而使得仅从表面看来，这种焦虑或者抑郁状态的发生并没有受到任何外部刺激的作用。只有认真细致地观察，才有可能循序渐进地揭示刺激性事件与伴随刺激性事件发生的反应之间的联系。

　　更进一步的特性产生于这种强迫性的支配欲，使得这种类型的人不具备与人平等相处的能力，要么主导别人，要么完全沦陷，只能无助地依靠别人。因为他本身就是独断专行的，所以他会因为所有无法支配的事情而觉得自己处于被奴役的地位。如果他的愤怒被压抑，他就会因此感到抑郁、沮丧、身心俱疲。但是，他们也许是出于迂回曲折的策略才会产生这种绝望无助的感觉，目的在于保证自己始终占据支配地位，或者把自己因为无法操控和指挥他人产生的敌意呈现出来。例如，有一个女性和丈夫一起在国外的一座城市里悠闲地漫步。她曾提前详细研究过这座城市的地图，所以她始终充当向导的角色。但当她意识到他们所到之处超出了她预先做功课的范围时，她就难以避免地产生了不安全感，为此她要求丈夫充当向导的角色。在此之前，她始终兴致高昂、活泼快乐，但这时，她却突然之间觉得特别疲惫，而且无法继续漫步。对于婚姻配偶、兄弟姐妹和朋友之间的关系，大多数人都是非常熟悉的。在这种常见的关系中，神经症患者很喜欢扮演奴隶主的角色，他把自身的怯懦软弱当成鞭子无情地抽打

和鞭策对方，驱使对方服务于他的意志，在此过程中，他会没有限度地向对方索取关怀和帮助。这种情况具有非常明显的特征，即在别人为自己所做的各种努力中，神经症患者从未得到任何好处，他们只是以持续埋怨和持续提出要求的方式回报他人。更糟糕的情况是，他们以责难回报他人，坚持认为别人不但轻视他，而且亏欠他。

  在心理分析的过程中，相同的行为时有发生。这种类型的患者拼尽全力地索求帮助，但他们非但不愿意采纳医生的建议，还会因为没有如愿以偿地得到医生的帮助，因而感到特别愤怒，也对医生充满怨恨。如果他们真正获得了一些帮助，能够在特定程度上了解自己的某些性格特征，那么他们就会马上陷入此前的苦恼中；但他们往往把自己伪装成没有发生任何事情那样，还会绞尽脑汁地消除医生付出艰苦劳动才能让他们进行的自我洞察和自我反省。最终，医生受到这些患者的逼迫，不得不尝试进行新的努力，遗憾的是，这些努力注定再次惨遭失败。

  从这样的处境中，患者能够获得双重满足：他们以表现自身怯懦软弱的方式，迫使医生变成奴隶服务于他们，在此过程中，他们获得了胜利感和满足感；同时，因为他们采取了这个策略，所以医生会产生绝望无助的感觉，因为患者出于自身的各种纠缠无法采取积极的方式支配别人，所以就发现了某种消极的方式，并且以这种消极的方式支配别人。无须多言，他们是在纯粹无意识的状态下通过这种方式获得满足的，这与他们在纯粹无意识的状态下运用技巧获得这种满足一样。患者只能意识到他特别需要得到帮助，但是他没有得到帮助。正是这个原因，才使得患者自认为他的所作所为是合乎情理的，以此为基础，他自认为有充足的理由对医生火冒三丈。虽然这样，患者对于自己正在玩弄的狡计，在内心深处必然是有所意识的，因此，他害怕被人发现和报复。为了自卫，他认为很有必要让自己处于有利地位，因此决定采取反守为攻的方式实现这个目的。换言之，并非他暗中使用计谋，而是医生忽视他、欺骗他和亏待他。然而，他要想充满信心地坚持这个假设，就必须真正确定自己是医生的牺牲品。所以，患者处于这样的状况中，不仅拒绝主动承认他没有受到虐待，反而会坚定不移地维护自己的这种信念。因为他一直认为他被医生虐待了，所以他倾向于给人留下他的确被虐待的印象。但他其实跟所有人一样丝毫不想被虐待，只是他坚信自己遭受虐待的信念起到了至关重要的作用，因此他不能随随便便地放弃这种信念。

这种支配他人的态度很有可能包含着大量敌意，这就促使新的焦虑产生了；与此同时，这还会导致很多抑制作用产生，例如无法当机立断，无法下命令，无法明确地表达意见等。这样的结果让神经症患者变得过于顺从，这种顺从又反作用于他们，使他们误以为这种抑制作用是天生怯懦软弱的表现。

很多人把对名望的追求当作人生中的当务之急，这使得敌意总是表现为一种企图侮辱他人的欲望。有些人因为遭受屈辱，伤害了自尊心，因此报复成性，对于他们而言，这种欲望就是最强烈的欲望。在童年时期，这些人经历过各种屈辱，这些屈辱的经验也许产生于他们出生和成长的社会环境，例如家境贫穷却有富有的亲戚。它们也许产生于个人的经历，再如因为其他孩子而被歧视、被藐视；父母把他们视为玩物，有时纵容他们，有时羞辱、冷落、斥责和辱骂他们。因为具有痛苦的性质，他们往往会选择遗忘这些经验，但是当问题显而易见地与屈辱相关时，他们就会在意识中呈现这些经验。然而，通过观察成年神经症患者，我们发现了这些童年经验的间接结果，而没有发现直接结果。这些间接结果被强化，是因为它们陷入了恶性循环之中，即"产生屈辱感→想要侮辱他人→因为担心被报复而对屈辱过度敏感→更强烈地想要侮辱他人"。

一般情况下，之所以压抑侮辱他人的倾向，是因为神经症患者通过自身的高度敏感得知，一旦他受到侮辱就会感到特别痛苦，也极其渴望报复，正因如此，所以他本能地担心别人也会和他一样产生这种反应。虽然这样，他依然有可能在自己毫无意识的情况下表现出这样的状态。这种反应具体表现为一不留神就忽视了他人，让他人等待太久，在毫无觉察的情况下使他人感到尴尬，使他人自觉傍人门户等。就算对于自己侮辱他人的愿望毫无觉察，对于自己已经侮辱了他人毫无觉察，神经症患者在人际交往中依然会感受到弥漫的无形焦虑，具体表现为始终害怕被刁难或者承受屈辱。在本书后半部分，我们将会对失败的恐惧进行讨论，到时，也会对这种恐惧进行深入讨论。产生于这种对侮辱的极端敏感的抑制作用，通常表现为希望避免一切形式的伤害或者侮辱他人的事情。例如，这种类型的神经症患者也许不敢批评他人，不敢解雇下属，不敢拒绝他人的要求，其结果是他常常考虑得过于周全，也常常表现得过于有礼貌。

最后，崇拜他人的倾向背后也可能隐藏着侮辱他人的倾向。因为侮辱他人和赞美他人是完全相反的两件事情，所以后者为前者提供了最好的方式，用来隐藏和掩饰侮辱他人的各种倾向。正是出于这个原因，我们才会在同一个人身上同时发现这两种极端的倾向。因为个人的差异，所以这两种态度的分配方式是不同的。不同的分配方式，将会分别出现在不同的人生阶段。一个人可以在这个时期瞧不起所有人，又在紧随其后的下个时期陷入英雄崇拜中；他很可能藐视女人却崇拜男人，也可能崇拜女人却藐视男人；他也许会狂热地崇拜一两个人，同时却不由分说地蔑视其他所有人。我们在精神分析的过程中发现，这两种态度其实是同时存在的。在同一时间内，患者可以既狂热地崇拜医生，又不由分说地藐视医生，他也许会一直在这两种情感之间摇摆不定，也许会选择压抑这两种情感中的任何一种感情。

在追求财富的过程中，敌意通常表现为剥夺他人的倾向。很多愿望本身并非病态的愿望，例如欺骗、偷窃、攻击、榨取他人

的愿望等。它们也许取决于文化环境,也许取决于实际处境,也许会被普遍认为是权术问题。但是,神经症患者的这些倾向却具有高度的情绪色彩。即使只能从他人身上得到不值一提的实际好处,只要能够获得成功,神经症患者就会欣喜若狂,为自己感到骄傲,并且获得胜利的自豪感。再如,和实际获得的好处相比,他愿意付出更大的代价,花费更多的时间和精力讨价还价,只为了顺利买到便宜货。从这种成功中,他能够获得以下两种满足:一种满足是自认为聪明过人,高人一筹;另一种满足是觉得自己成功地击败了他人,压倒了他人。

通常情况下,这种剥夺他人的倾向是以各种不同的形式表现的。如果医生不能免费给患者治疗,或者医生索要的报酬超过了患者的支付能力,那么患者就会抱怨医生。如果患者的雇员必须得到额外的报酬才愿意加班,患者就会因此而愤愤不平。在与孩子、朋友的关系中,患者会以公然宣布对方对自己负有责任和义务的方式,使得这种掠夺倾向合法化。其实,父母如果以此要求孩子必须对父母做出牺牲,那么很有可能会彻底毁掉孩子的一生。哪怕这种掠夺倾向未必都以破坏性的方式呈现,如果妈妈认为孩子的存在就是为了满足妈妈,那么她们就会在情感上掠夺和压榨孩子。这种类型的神经症患者还会表现出扣押或者拒绝给予他人某些东西的倾向,例如他应该付出的钱,他应该提供的信息,他让别人满怀期待想要得到性满足等。这种掠夺倾向的存在是以反复做偷盗的梦为标志的,有些患者具有掠夺性倾向,还会产生偷盗的自觉冲动,只是他会压制这种冲动而已;此外,他很有可能在某些特定的时间里成为真正的盗窃狂。

对于自己有意掠夺他人的事实,这种类型的人常常无知无觉。每当有人需要他贡献什么或者做些什么事情时,与这种掠夺愿望相关的焦虑就会自动产生一种抑制倾向。如此一来,他就会忘记原本应该送给他人的生日礼物,或者在某位女性愿意和他在一起时突发阳痿。然而,这种焦虑未必总是导致实际抑制,它也许会渐渐变得更加明显,使人对于害怕自己正在剥削和掠夺他人的潜在恐惧有所觉察和意识。哪怕他们在自觉意识中总是怒气冲天地拒绝承认自己有这样的意图,也无法改变事实。这种类型的神经症患者即使对于某些其实并不包含这种掠夺倾向的行为,也会产生这种担心和恐惧。同时,他对于那些真正包含着剥削和掠夺的行为,却毫无觉察和意识。

一般情况下,这种掠夺他人的倾向与对他人的羡慕和嫉妒是相伴而生的。无疑,如果他人得到了我们想要得到的某些好处,

那么，我们必然会不同程度地羡慕或者嫉妒他们。然而，对于正常人而言，他们的嫉妒往往表现为希望自己也能得到这种好处；但是对于神经症患者而言，他们的嫉妒往往表现为希望别人不要得到这种好处。哪怕他并不想得到这种好处，他也会这么想。看到孩子感到快乐，这种类型的妈妈会满怀嫉妒地说："别看你今天笑得欢，算准你明天一定哭得惨。"

  对于这种嫉妒态度的真实面目，神经症患者必然想方设法地掩饰，把它伪装成一种被人接受的合理羡慕。在他眼中，别人的所有好事都是流光溢彩的，例如别人得到一个洋娃娃或者结交了一个姑娘，别人拥有一份不错的工作或者获得了一种闲适的乐趣，为此，他认为自己的这种羡慕是合情合理的。这使得他一边使这种羡慕正当化，一边无意识地歪曲事实，再如故意贬低自己拥有的一切，误认为自己也想要得到别人的好事。这种自我欺骗将会发展到坚信自己因为无法如愿以偿地得到别人所有的东西就会变得特别悲惨的程度。他彻底忽略了一个事实，即在其他所有方面，他都不愿意和他人进行交换。他必须为这种歪曲付出代价，即他无法获得任何形式的幸福。然而，这种不可能对于他保护自己是有利的，能够避免他得到他人的羡慕，这样他也就无须担心了。有些正常人有足够的理由保护自己不被某些人嫉妒，并且出于这样的心理而歪曲事实，掩盖自己的真实处境，和这些正常人一样，他也并非故意抛弃自己已经获得的满足。然而，因为他把工作做得非常到位，所以他其实彻底剥夺了自己进行一切形式享受的权利。如此一来，他亲手毁掉了自己的目标。他原本希望拥有所有，但是因为他具有这种破坏性的焦虑和冲动，所以他最终一无所获、一无所有。

显而易见，和我们前文讨论的全部敌对倾向相比，这种掠夺或者剥削他人的倾向不但产生于不正常的人际关系，而且反作用于这种不正常的人际关系，使其变得更加不正常。特别是在这种倾向不同程度地处于无意识状态时，它就必然导致他对他人处于一种异常甚至是羞怯的状态。面对那些他不抱任何希望的人，他的言行举止都很自由，完全没有束缚，但哪怕只有一丁点儿可能从他人那里获得好处，他就会马上变得极其不自然。这些好处也许是实质性的好处，例如某些建议或者某种信息，也许是无形的东西，例如未来才会获得的利益。这一点不但适用于性关系，也适用于其他类型的人际关系。在自己并不在乎的异性面前，这种类型的神经症患者总能表现得泰然自若；但是在自己想要赢得喜欢的异性面前，他们就会特别尴尬，不知所措。因为在他心中，获得对方的爱与从对方身上获得某些好处完全是一码事。

在赚钱谋生方面，这种类型的人也许特别精明强干，这样就能引导自己的冲动发挥到有利方向上。然而，对于挣钱的问题，他们也经常会形成各种抑制，这使得他们不能理直气壮地向别人索要报酬，或者虽然做了很多工作却没有相应的酬金，因此，他们会显得比自身的真实性格更加大方。等到事情过去之后，因为没有得到相应的足额报酬，他们很有可能心生不满，但他们并没有意识到这种不满是因何产生的。对于神经症患者而言，如果这种抑制作用变得越来越严重，并且渗透进他的整个人格中，那么他就不得不依赖于他人的供养和支持才能生存下去。这使得他将会过上寄生虫式的生活，并且借助于这样的方式使自己剥削他人的倾向得到满足。这种寄生虫式的态度未必都会明显地呈现出来，例如明显地表现为"大家都必须服务于我"，而是可能以极其微妙的形式呈现出来，再如希望他人主动帮助自己，给自己恩惠，或者在工作上为自己出谋划策等。总而言之，他们希望自己的生活能够由他人主动负起责任。这么做的结果是他从总体上对生活形成了奇怪的认知态度，即他似乎没有明确意识到生活是属于他自己的，他必须在属于自己的生活中做出成就，否则就会碌碌无为虚度一生。他的生活态度，使他认为周围发生的所有事情都与他没有任何关系；无论是坏事还是好事都完全属于外界世界，而与他的所作所为没有任何关联；仿佛他有权力享受他人创造的所有美好事物，而一切不好的事情都归他人负责。带着这样的态度面对生活，更容易发生坏事而非好事，所以爱的病态需要中同样存在着寄生虫式的态度，尤其是在以渴望物质恩惠的方式表现在对爱的需要时，情况更是如此。

　　这种剥削或掠夺他人的倾向，往往会使神经症患者产生另一种结果，即因为自己会被他人剥削或者欺骗而倍感焦虑。他因此而生活在持续不断的恐惧中，担心别人占他的便宜，抢夺他的金钱，剽窃他的思想。对于遇到的所有人，他都会产生这种恐惧反应，担心对方对他居心叵测。一旦他真的上当受骗，例如出租车司机故意绕远、餐厅的侍者故意虚报账单，他就会超过正常限度发泄愤怒。显而易见，他把欺骗倾向的心理价值投射在他人身上了,因为和面对自己的问题相比,对他人产生理所当然的愤怒是更愉快的。此外,神经症患者常常以责难作为恐吓的方式之一,或者借助于恐吓的方式激发对方的犯罪感,使对方任由自己利用或者辱骂。对于这一点,辛克莱·刘易斯在描摹多兹沃尔斯夫人的人物形象时,进行了入木三分的刻画。

对权力、名望和财富的病态追求,可以用如下表格表现出它们的目标和作用:

目标	为获得安全感从而进行对抗	敌意的表现形式
权力	无助	支配他人的倾向
名望	屈辱	侮辱他人的倾向
财富	贫穷	剥削他人的倾向

阿尔弗雷德·阿德勒的主要成就,就是发现并且强调了这些追求的重要性,这些追求在神经症患者的病态表现中发挥的重要作用,以及这些追求是通过怎样的伪装方式得以呈现的。然而,阿德勒却认为这些追求是人性至关重要的倾向,无须针对其本身进行解释和说明。那么,这些追求为何在神经症患者身上变得这么强烈呢?对此,他将其归为生理缺陷和自卑感。

对于这些追求的很多内涵,弗洛伊德同样关注到了,但他认为不应该把所有追求都放在一起进行考虑。他认为名望的追求是自恋倾向的表现之一。原本他把对权力和财富的追求,以及把这两种追求所包含的敌意都视为"肛门欲施虐狂阶段"的衍生物。但他此后承认无法把这些敌意还原到性欲的基础之上,所以断言它们表现了"死亡本能"。如此一来,他就能坚持自己对于生物学倾向的信念。

总而言之，不管是弗洛伊德，还是阿德勒，都没有发现在产生这些驱力的过程中焦虑发挥着怎样的作用，也没有发现焦虑的所有表现形式蕴含着怎样的文化内涵。

第十三章

病态竞争

因为文化不同，所以获得权力、名望和财富的方式也是不同的。它们也许产生于继承权，也许产生于某些文化提倡的个人素质，例如智慧、勇气、治疗疾病的能力、和超自然的力量沟通的能力、随机应变的能力，以及类似的能力和素质。它们也许来源于成功的或者不同凡响的活动，也许源于某些特定品质，还有可能受益于偶然的环境机遇。在我们的文化中，地位和财产的继承至关重要。但如果必须通过个人努力才能获得权力、名望和财富，那么个人就必须参与与他人之间的竞争。这种竞争是以经济活动为中心的，覆盖了所有活动，并且强力渗入爱情、游戏和社会关系中。从这个意义上来说，在我们的文化中，每个人都必须面对竞争，正是因为如此，在神经症患者内心的冲突中，竞争才长期盘踞核心地位。

在我们的文化中，病态的竞争和正常的竞争相比，在三个方面是不同的。

第一方面，<u>神经症患者总是喜欢把自己与他人进行比较，哪怕无须攀比，他们也乐此不疲。</u>虽然所有竞争的本质就是努力超越他人，但神经症患者却热衷于与那些根本不会成为自己潜在竞争对手的人进行比较，也热衷于与那些和自己没有共同竞争目标的人进行比较。他会不假思索地把与谁最聪明、谁的吸引力最强、谁最受欢迎相似的诸多问题应用到所有人身上。他会把自己的人生感受与一个专业赛马骑手的人生感受进行比较。对他而言，能否超过其他人是唯一重要的事情。因为怀有这样的态度，他必然会对所有事业都感到兴致索然。他不关心自己所做之事的具体内容，只关心他通过做这件事情能够得到怎样的名望和成功。对于自己热衷于与他人比较的态度，神经症患者也许有所觉察，也许毫无觉察，而只是机械地这么做。但是，对于这种态度对他的影响和作用，他是很难充分意识到的。

第二方面，**神经症患者既执着于比他人取得更大的成就，也执着于要让自己与众不同，出类拔萃；同时，他也认为相比之下自己的目标是最高的。**对于自己被这种野心驱使的事实，他也许已经完全意识到了。但他或者彻底压抑这种野心，或者部分地压抑这个野心。在后面这种情形下，他也许认为他唯一关心的不是成功，而是他的事业；他也许坚信他不想在舞台的闪光灯下接受观众的喝彩，而只想从事幕后的工作；他也许会承认他以前确实很有野心，但那样的野心只存在于特定的时期。那个时候，也许他还是小男孩，却幻想着能够成为拯救世界的耶稣，或者成为拿破仑第二，能够从战争中拯救整个世界。也许，她只是小姑娘，却梦想着能够嫁给威尔士亲王。但是，神经症患者一定会公然宣布，从那之后他就再也没有野心了。他甚至抱怨自己现在缺乏野心，他希望自己能够再有一点点野心。如果他彻底压抑自己的野心，他也许会坚定不移地相信，他本人与野心彻底无缘。在心理医生的发掘下，只有在某些保护性的岩层松动之后，他才会回想起自己曾经有过很多夸张的不切实际的幻想，或者头脑中也曾经闪现过很多想法，例如，希望成为自身所在领域的佼佼者，或者自以为聪明漂亮，或者在发现自己身边的某个女人居然爱上其他男人而震惊万分，甚至每当想起这件事情就会特别生气，并且因此而怀恨在心。但在绝大部分情况下，因为没有意识到在自己的反应中野心居然起到了这么强大的作用，他并没有意识到这些幻想和想法具有不同寻常的含义。

强迫性地把自己和别人相比较

- 他真聪明！
- 和他们相比，我怎么样？
- 她好受欢迎！

有些情况下，这种野心会汇聚于某个特定的目标，例如魅力、才华、特殊的成就、品质德行等。在其他情况下，这种野心未必会汇聚于某个明确的目标，而是分散到一个人的全部活动中。在自己心仪的所有领域中，他们都想超群绝伦。在同一时间内，他既想要成为伟大的发明家，又想要成为大名鼎鼎的医生，还想要成为无人能及的音乐家。如果她是女人，她不但希望在自己的工作领域内出类拔萃，还希望在家庭生活中当好完美无瑕的家庭主妇，同时也希望是非常时尚、风情妖娆的女人。这种类型的青少年很难选择职业或者决定投身于哪种生涯，因为选择意味着放弃，或者至少需要不同程度地放弃自己的爱好和兴趣。对大部分人而言，很难同时精通外科手术、建筑和小提琴演奏。这些青少年在开始投入工作的时候，很有可能还会有很多脱离实际的幻想。他们希望在绘画方面赶超伦勃朗，在创作剧本方面赶超莎士比亚。在刚刚进入实验室开始工作时，他们就想要实现精准地计算血球数目。因为野心过分庞大，所以他们怀着很多脱离实际的空想，压根无法实现自己的目标。为此，他们常常觉得沮丧绝望，不久之后就会彻底放弃此前的努力，而选择重新开始。很多人原本是极有天赋的，却以这样的方式耗尽了一生的精力。他们拥有巨大潜能，能够在不同的领域中做出成就，恰恰因为他们的兴趣爱好太过广泛，野心勃勃，所以他们在这些领域中无法笃定地追求任何目标。最终，他们毫无所成，虚耗了才能。

知名企业家
影视明星
伟大的发明家
大名鼎鼎的医生
出类拔萃的音乐家
完美的夫妇
时尚达人
……

不管对于自己的野心是否有意识，他们对追求野心遭受的挫折都非常敏感。如果不能满足自己过高的要求，那么即使获得了成功，他们也会因此而感到失望。例如，如果一篇科学论文或者相关著作只取得了小小的成功，起到了有限的影响，而没有达到引起轰动的目的，他就会大失所望。在通过一场形势严峻的考试后，这种类型的人很可能因为他人也通过了这场考试，而看轻了自己的成功。这种类型的人之所以不能享受成功的快乐，恰恰是因为他们具有这种始终倾向于失望的态度。毫无疑问，他们对一切形式的批评都特别敏感。很多这种类型的人在画了第一幅画或者创作了第一本书之后，就再也画不出或写不出了。因为哪怕别人只是给予他们温和的批评，他们也会感到万念俱灰，沮丧绝望。在被上司批评，或者遭遇失败时，很多潜在的神经症患者都会表现出最初的症状，虽然从本质上而言这些批评或者失败都是不值一提的，而且不管怎样也不至于对他们造成如此大的精神障碍。

第三方面，**神经症患者的野心中隐藏着敌意，即他的态度：很多神经症患者都认为"我是最美丽、最有能力、最成功的人"。**无疑，所有激烈的竞争中都必然包含敌意，因为当一个竞争者取得胜利时，另一个竞争者必然遭遇失败。其实，在个人主义的文化中有很多竞争都具有很强的破坏性，如果将其看作一种孤立的特征，我们不能断言它是有病态性质的。它基本上属于一种文化模式。然而，在神经症患者身上，和建设方面相比，竞争的破坏性是更强大的。对他而言，宁可自己不获得成功，也想目睹他人失败。更准确地阐述，具有病态野心的人的言行举止仿佛每时每刻都在暗示他自己，和自己取得成功相比，击败别人是更加重要的。其实，对他而言，自己的成功才是最重要的。但是，因为他对成功有非常强烈的抑制倾向，所以成为胜出者就是他的唯一道路。哪怕不成为胜出者，他也至少要比他人优越。这就表明他必须彻底击败他人，使他人降低为和自己处于同样高的水平，或者索性踩到他人的头上。

胜利意味着踩在他人之上

以我们的文化作为背景参与竞争，要尽量采取权宜之计，即不要损害他人的利益来满足自己，也不要试图彻底击败竞争者来争得自己的荣誉或者提高自己的地位，更不要想方设法地压制一个潜在的竞争对手。但一种盲目的、无法遏制的和不选择对象的冲动驱使着神经症患者，使他们不顾一切地想要诋毁他人。他虽然知道他人不会伤害自己，也清楚他人的失败有可能使自己陷入不利的局面之中，但他依然竭尽全力去诋毁他人。对于这样的感情，我们可以进行清晰的描述——"成功者必须是唯一的"，这句话的意思是,"我才应该取得成功"。在这些破坏性冲动背后隐藏着很多紧张情绪。例如,一个人正在写剧本,当得知自己的一个朋友也在写剧本时,他突然产生了莫名其妙的愤怒。

　　在很多人际关系中,我们都能发现这种彻底击垮他人,使他人的努力付诸东流的冲动。一个儿子如果野心勃勃,就想彻底否定父母为他进行的所有安排。如果父母强制他必须注重名誉,做出得体的行为,这样才能在社会上获得成功,他就会故意使自己的行为臭名昭著,激发起所有人的不满。如果父母拼尽全力只为了促进他的智力发育,他就很可能厌恶反感学习,也会抑制学习,这使他看起来呆头呆脑的,头脑迟滞。我有两个小患者就属于这种类型。刚开始时,父母误以为他们智力发育不健全,后来却发现他们具有高智力,才华横溢。在他们想要以相同的方式对付医生时,他们企图挫败父母愿望的真实动机就得以暴露出来。在这两个孩子中,有一个孩子在很长一段时间里都假装听不懂我的话,这使我无法准确地判断她的智力水平。后来,我发现她始终在用对付老师和父母的那套方法来对付我。这两个小孩都野心勃勃,但在刚刚开始治疗时,破坏性的冲动彻底淹没了这种野心。

　　在对待学习和接受任何治疗的过程中,也可以看到相同的态度。无论是听课,还是接受治疗,从中得到的好处正是个人利益。然而,对这种类型的神经症患者而言,或者更确切地说,对这种类型的神经症患者内心的病态竞争心而言,竭尽全力挫败教师或医生,使他们无法成功的想法变得加倍重要。如果他能实现这个目的,证明别人无法在他身上取得成功,他甚至愿意以永远无知或者继续生病作为代价,只要能以这样的方式告诉所有人:教师和医生并不高明。无须多言,正是在无意识的状态下,神经症患者进行了这个过程,在他的自觉意识中,他也许认定某个医生或者某个教师确实无能,不够格教他学习或者为他治疗。

因此,这种类型的患者对医生能够成功治愈他的担心超乎寻常。他会想尽各种办法,只为了让医生的所有努力都毫无作用,哪怕为此而挫败自己,他也不计后果。他不仅拒绝提供重要的信息给医生,也会故意使医生形成错觉,此外,他在可能的情况下将会一直保持原状,或者采取戏剧化手段加重病情。他绝不会让医生获悉他的病情正在好转;退一步而言,即使他愿意承认自己的病情正在好转,也是心不甘情不愿的,甚至还会满腹牢骚和抱怨;他会把自己病情好转,以及通过内省获得的内心成长,都归功于诸如读书、气候好转、服用阿司匹林等外部因素。为了证明医生的话是彻底错误的,他坚决拒绝遵照医生的任何指示;或者,对于那些他曾经粗暴拒绝过的医生的建议,他会将其说成是自己的重要发现。在日常生活中,后一种行为屡见不鲜。它是构成无意识剽窃的心理动力,很多涉及优先权的争辩,都是以此为心理基础建立的。这种人只能容忍自己有新思想、新发现,而绝不允许除了自己之外的任何人有新思想和新发现。除非是他提出的建议,否则,他都会态度坚决地进行诋毁。例如,他会诋毁一本书或者一部电影,只要是他的竞争者向他推荐了这本书或者这部电影。

在心理分析的过程中,在医生的解释下,当所有这些表现越来越接近意识水平时,神经症患者也许会公然针对医生的精辟见解勃然大怒。他也许会冲动地想要把办公室里的某件物品彻底砸碎,也许会声色俱厉地指责和贬低医生。在澄清某些问题之后,他会马上指出还有很多问题没有得到解决。即使他在理智上承认自己已经有了很大的好转,但他在感情上也依然不愿意表示感激。在这种不愿意感谢的现象中,还有其他心理因素,例如担心亏欠别人的人情,担心承担偿还人情的义务。但是,其中最重要的一个因素是,神经症患者会因为这种必须把某件事归功于某人的行为感到屈辱。

因为内心产生了这种挫败他人的冲动,神经症患者产生了大量焦虑。因为神经症患者会在无意识的状态下认定他人和他一样,在遭到挫败后会因为受伤而产生报复心。所以,在伤害他人之后,他总是焦虑不安,对于自身这种挫败他人的倾向竭力回避,并且固执地认为这一切都是合乎情理的。

如果神经症患者具有显而易见的诋毁他人的倾向,就无法坚持积极的、肯定的立场,就无法形成积极的、正面的意见,更无法做出具有建设意义的决定。在他人不值一提的批评面前,他所提出的某种积极的具有建设意义的意见,最终会烟消云散,因为任何小事都将会激发起他的冲动,使他不顾一切地诋毁。

这些破坏性冲动都包含于对权力、名望和财富的病态追求中。在我们文化中,在一般性竞争氛围里,哪怕作为正常人,也有可能会表现出这些倾向。但对于神经症患者而言,这些冲动哪怕会给患者带来痛苦和折磨,也将变得至关重要。对于神经症患者而言，这种侮辱别人、压榨别人、欺骗别人的能力代表着胜利，可以使他们获得优越感；如果不能侮辱、剥削、欺骗别人，对于他们而言就是失败。正是因为存在这种失败感，所以神经症患者才无法因为占别人的便宜而感到愤怒。

　　如果整个社会都弥漫着个人主义的竞争精神，那么两性关系必然会因此遭到伤害，必须严格地区分女人的生活领域和男人的生活领域，才能避免这种情况发生。因为病态的竞争具有破坏性，所以相比一般的竞争，破坏性竞争将会导致更严重的后果。

　　神经症患者的病态倾向具体表现为挫败、压制和侮辱对方，在恋爱关系中，这样的病态倾向起到了重要作用。性关系是一种重要的手段，能够帮助神经症患者压制、贬低对方，或者反过来被对方压制和贬低。显而易见，这种性质与性爱关系的本性是截然相反的。弗洛伊德曾经描述了男人在恋爱关系中的分裂，这与这种情况的发展预期不谋而合：在性方面，一个男人可能只会被那些和他相比标准更高的女人吸引，对于那些崇拜和爱慕他的女人，他却没有性欲。对这种人而言，性交必然与侮辱倾向相伴而生，正是因为这样，所以在面对他正在爱慕或者有可能会爱慕的女人时，他会马上压制自己的性欲。这种倾向能够追溯到他的妈妈身上。在成长的过程中，他也许从妈妈那里感受到侮辱，所以想以侮辱回报妈妈；但是因为恐惧，他只能以夸张的忠诚掩饰这种冲动。人们通常把这种情况归结为一种固定作用。在未来的生活中，他为了找到解决方案，而不得不把女人分为两类。这样一来，他把他对自己爱慕的女人潜在的敌意转化为实际行动，使她们沮丧绝望。

在与一位在人品或者身份方面与自己旗鼓相当，或者比自己更加优越的女性发生关系时，这种类型的男人非但不会为她感到骄傲，反而会隐隐约约地为她感到耻辱。他也不知道自己为何会做出这种反应，这是因为在他的自觉意识中，女人即使与男人发生性关系，也不会因此失去自身固有的价值。但他没有意识到他有强烈的冲动想要通过性交贬低女性，这使得他在情感上认为自己在与女性发生性关系后，就可以鄙视女性。正是因为如此，他才会为女性感到羞耻，这种反应是自然而然发生的，也是符合逻辑的。同样地，女性和男性一样，也会为情人产生一种非理性的耻辱感，具体表现为不想让别人知道他们之间的关系，或者故意漠视他的美好品质。因此，和他应该得到的欣赏相比，她对他的欣赏是更低的。精神分析证明，女性也具有贬低对方的无意识倾向。通常情况下，她对于女性也有相同的倾向，但是因为某些个人因素发挥作用，所以这些倾向汇聚于和男性的关系之中。很多不同形式的个人因素都会导致这种情形，例如仇恨那些得到父母宠爱的兄弟，蔑视怯懦软弱的父亲，坚持认为自己缺乏魅力，并且因此先入为主地认定自己必然会被男人冷落或者拒绝。与此同时，她也许会因为对其他女性怀有极大的恐惧，而只能极力掩饰自己这种对其他女性的侮辱倾向。

对于自己全心全意想要制服和侮辱异性的倾向，女性和男性都同样有可能会完全意识到。一个女孩如果抱着一种坦率的动机，即想要玩弄某个男人于股掌，与男人开始恋爱。她也许会有意识地挑逗男性，在对方对她产生爱情之后，马上弃对方于不顾。然而，在一般情况下，对于这种侮辱他人的欲望，女孩却是毫无觉察的，也丝毫没有意识到。在这样的情形下，这种倾向也许会以各种间接的方式呈现。例如，具体表现为对男人的追求不屑一顾，或者满怀嘲讽意味。除此之外，它还会以性冷淡的方式呈现出来，从而向男人表明他无法满足她，这样就能成功地侮辱男人。如果对方原本就对女性的侮辱有着病态恐惧，情况更是如此。在同一个人身上也有可能会出现与此恰恰相反的现象，即因为与对方发生性关系，而感到对方利用了自己，也觉得对方侮辱和贬低了自己。在维多利亚时代的文化模式中，女性普遍认为性关系是对自己的侮辱，因此，这种关系必须合法化，或者符合冷漠无情的礼节，才能淡化这种感觉。在最近三十多年里，这种文化的影响有减弱的趋势，但是和男性相比，女性依然更多地感到自己的尊严遭到了性关系的伤害。这种影响同样能够导致性冷淡，或者导致女性彻底避免接触男性，无论她内心深处多么渴望

接触男性。这种女性也许会借助于受虐、性幻想或者性变态等方式，得到继发性满足。但是，如此一来，她就会因为预想到自己将会受到男人的侮辱，因而对男人产生强烈的敌意。

一个男人如果极度担心自己缺乏男性气概，就总是怀疑女性是出于获得性满足的需要，才会爱他，即使有充分的证据证明女性发自内心地喜欢他，也很难打消他的担忧。所以，他之所以怨恨女人，也许是因为自己具有这种被人利用的感觉。除此之外，当发现女性对于自己的爱抚反应冷漠时，男性会认为这是一种屈辱，所以他常常担心女性得不到满足。他认为，这种过度关注能够表现出他的温柔体贴。但他在其他方面可能是非常粗暴的，根本不懂得体贴。这意味着他只是以过度关心女性是否得到满足的方式，作为一种保护手段，避免自己感到屈辱。

为了对这种侮辱和挫败他人的冲动加以掩饰，神经症患者可以采取以下两种主要方式。一种是以崇拜和赞美的方式掩饰，另一种是以怀疑的方式给这种冲动披上理智化的外衣。怀疑也许能够真实地反应出理智上的不同意见。必须在真正排除这种怀疑的情况下，我们才有可能去寻找隐藏在怀疑背后的动机。这些动机也许藏匿得很浅，只需要进行简单的质问，我们就能发现这种怀疑的依据，也知道怀疑为何导致焦虑发作。我有一位患者，每次就诊时，他都会粗鲁地侮辱我，但是对于这一点，他本人却压根没有意识到。后来，我开门见山地询问他是否认为他对我能力的质疑是成立的，他马上产生了非常严重的焦虑，心神不宁，坐立难安。

当以崇拜的态度掩饰这种侮辱和挫败他人的冲动之后，过程就会变得越来越复杂。很多男人在内心深处暗暗地渴望伤害和侮辱女性，也许会在自觉意识中大力吹捧女性；很多女人在无意识状态中始终渴望能够战胜和侮辱男性，也许会彻底沉溺于英雄崇拜之中。神经症患者的英雄崇拜和正常人的英雄崇拜一样，都有可能存在真正的伟大感和价值感。然而，神经症患者的英雄崇拜的根本特征是，它从本质上而言是两种倾向的妥协：一种是盲目地崇拜成功而不考虑成功到底具有怎样的价值，因为这是他固有的愿望；另一种则是为了掩盖自己对成功者的破坏性愿望，不得不采取伪装的方式。

对于某些具有代表性的婚姻冲突，我们可以据此进行理解。在我们的文化中，男人有更多的外界刺激督促自己获得成功，也有更大的可能获得外部成功，所以这种婚姻冲突常常涉及女性。假定一个女人具有英雄崇拜倾向，她嫁给一个男人的理由是这个男人已经取得的成功，或者他未来有可能取得的成功，这些都让她动心。在我们的文化中，某种程度上，因为妻子参与并且分享了丈夫的成功，所以只要这种成功能够保持下去，妻子就会因此而感到满足。但是，从另一角度来说，她却置身于一种冲突的情境中：她因为丈夫获得了成功而深爱丈夫，同时，她又因为丈夫获得了成功而恨丈夫。她想要破坏丈夫的成功，但是理智告诉她不能这么做，因为她同时也希望通过参与丈夫的成功而分享丈夫的成功。这种妻子也许会以挥金如土的方式对丈夫的财产安全造成威胁，也许会以不停争吵的方式使丈夫精神上的平衡被打破、被破坏，也许还会以居心叵测的侮辱和毁谤的方式使丈夫的自信心遭到严重破坏，这样一来，她希望破坏丈夫成功的隐秘愿望就会暴露出来。此外，这种破坏性愿望还能具体表现为一味地督促丈夫更加努力，争取获得更大的成功，而把丈夫本人的利益弃之不顾。这种仇恨心理一旦出现任何失败的蛛丝马迹，就会表现得异常明显。在丈夫获得成功时，虽然她在每个方面都表现出挚爱丈夫的模样，但是如今她却有可能大反常态地不再支持和鼓励丈夫，而是想方设法地反对丈夫。因为在面对丈夫失败的迹象时，妻子出于分享丈夫成功果实的目的而刻意掩盖的复仇心理就会公开表现出来。这些破坏性活动都有可能在爱的伪装和崇拜的伪装下，悄无声息地进行。

还有一个众所周知的事例也可以对此进行验证：爱是如何被用来补偿产生于野心的破坏性冲动的。一个女人向来独立、能力很强、事业成功，在结婚之后，她不但放弃了自己的工作，而且渐渐形成了依赖心理，这使她仿佛彻底放弃曾经拥有的野心。对于这些变化，我们可以将其解释为"变成了真正的女人"。为此，她的丈夫大失所望，因为他希望自己的配偶非常优秀，最终发现妻子拒绝与自己合作，而只想在丈夫的保护之下生活。女人之所以发生这样的变化，是因为病态地担心自己的潜在能力，她隐隐约约地感觉到：想要实现自己的野心，或者想要获得安全感，就要嫁给一个已经事业有成的男人，或者至少嫁给一个有希望获得成功的男人。她认为和个人奋斗相比，这样的选择是更加可靠的。如果只是出于这样的心理，女人还不至于因为这种情况产生精神障碍，甚至还会得到令自己感到满意的结果。但是，作为神经症患者，内心深处其实是拒绝放弃野心的，为此，她会对丈夫产生强烈的敌意，而且以"要么全有，要么全无"的病态原则作为依据，坠入虚无感之中，最终在家庭生活中变得可有可无、无足轻重。

正如我前文的阐述，女性身上更频繁地发生这种反应，相比女性，男性发生这种反应的次数更少，这样的差异根源在于我们的文化背景。这种文化背景向来认为成功只属于男人。然而，女性并非天生就有这种反应；如果情形正巧相反，女人幸运地比丈夫更充满智慧、更健壮、更成功，那么男人就会和女性一样做出相同的反应。在我们的文化中，大多数人都坚信女性只在爱情方面比男性更加优越，而男性则在其他所有方面都比女性更加优越。当男性拥有这种态度时，很少会采取崇拜的方式伪装这种态度，而是会以公开的方式表现出这种态度，这会直接破坏女人的兴趣、工作和事业。

这种竞争精神不但会对男女之间已经建立的关系产生影响，而且会对选择伴侣产生影响。通过观察神经症患者，我们发现这种影响更加明显。然而，在具有竞争精神的文化中，却认为这纯属正常现象。在正常情况下，选择终身伴侣在很大程度上取决于追求名望和财富的欲望，即受到非爱情领域的动机支配。在神经症患者身上，这种外在因素的决定和支配所起到的作用是强大的，往往能够取得压倒性胜利。一则是因为他比普通人更加急迫地想要统治和驾驭他人，追求名望和财富，所以僵化有余，灵活不足；二则是他与包括异性在内所有人的关系已经恶化到不能恶化的程度，所以他无法进行充分且适当的选择。

通过以下两种方式，破坏性竞争将会使同性恋倾向得以强化。第一种方式，它提供了一种冲动，使人彻底避免接触异性，这样就能避免与同等的对手开展性竞争；第二种方式，因它产生的焦虑必须获得安全感，对安全感的需要和对爱的需要都会导致神经症患者牢牢抓住同性伴侣，不愿意放手。在精神分析的过程中，如果患者和医生是同性，那么就能够发现破坏性竞争、同性恋倾向和焦虑之间千丝万缕的复杂关系。在一段时间内，这种患者也许会夸耀自己的成就，并且藐视医生。刚开始时，他以伪装的面目去做这件事情，所以对于自己的所作所为，他是毫无觉察和意识的；随后，他就会意识到自己的这种态度，但这种态度与他的情感依然保持分裂的状态，所以对于隐藏其后、起到推动作用的强大情感，他依然没有意识到。在此之后，当他渐渐地感觉到他的敌意冲撞了医生，同时开始渐渐觉得尴尬难堪，并且感到紧张焦虑、心悸忐忑、烦躁不安时，他突然梦见医生居然拥抱他，并且情不自禁地产生和医生亲密接触的愿望和幻想，这意味他必须缓和焦虑。这一连串反应也许会重复出现，直到患者最终正视他的病态竞争心理才宣告结束。

总而言之，可以通过下列方式把爱或者崇拜用来补偿挫败他人的冲动：无论自己是否意识到这种破坏性冲动，为了彻底消除竞争，必须在自己与竞争对手之间造成无法缩小或者消除的距离；参与成功，或者分享成功的喜悦；安抚竞争对手，从而避免被对方报复。

虽然上述针对病态竞争对两性关系的影响进行了讨论，但是还远远没有结束。即便如此，现有的讨论也足以表明，它是怎样损害两性关系的。在我们的文化中，因为这种竞争使两性建立和谐关系的可能性遭到破坏，同时也产生了焦虑，并且使人对于和谐的两性关系更加充满渴望，所以这个问题就显得尤为重要。

第十四章

逃避竞争

因为神经症患者的竞争心理具有破坏性，所以它决定了神经症患者必然产生很多焦虑，从而逃避竞争。问题在于：这种焦虑到底是从何而生的？

可以理解，担心冷漠无情地追求野心会使他人以相同的方式报复自己，这是焦虑的来源之一。有的人已经取得成功，或者仅仅是希望取得成功，在这个时候，我们如果压抑他们，侮辱和打击他们，那么他们一定会因为恐惧而针锋相对，怀着和我们一样强烈的愿望打败我们。然而，这种源于害怕遭到报复的恐惧，虽然对所有凭着牺牲他人利益而追求成功的人都造成了威胁，却并非导致神经症患者越来越焦虑从而压制竞争的唯一原因。

经验告诉我们，只是害怕被报复，未必会产生抑制作用。与此相反，它只会使人带着真实存在的或者想象中的敌意、嫉妒和竞争心理，冷酷无情地算计他人，或者想方设法地扩张自己的权力范围，从而避免自己被他人击败。特殊类型的成功者通常只有唯一的目标，即获得财富或者获得权力。但是，和神经症患者的人格结构相比，这种人格结构有着显而易见的区别。那些冷酷追求成功的人既不想得到他人的爱，也不在乎他人的爱。他既不需要也不想要从他人那里得到任何东西，无论是某种慷慨还是某种帮助，他们都统统拒绝。他坚信自己依靠努力就能获得想要的一切。无疑，他也会利用他人，但是他只需要那些有助于他实现目标的忠告。对他而言，为爱而爱是没有任何意义的。他的欲望和防卫措施都沿着一条笔直的路线勇往直前，这条路的终点在于获得权力、名望和财富。即使一个人是因为自己内心的冲突才不得不变成这种行为类型的人，在内心深处没有东西干扰他执着于自身追求的情况下，他不会形成神经症患者一般具有的病态特征。在恐惧的驱使下，他会加倍努力，这样才能获得更巨大的成功，也让自己战无不胜、不可战胜。

但是，神经症患者追求的两个目标却是互不相容的：一则，他带有很强的攻击性，执着地追求"唯我独尊"；二则，他迫切地渴望得到所有人的爱。他尴尬地处于野心和爱之间，对于他而言，这正是内心的重要冲突之一。神经症患者为何会对自己的野心和要求心生恐惧呢？他为何拒绝承认自己的野心和要求，又为何彻底逃避或者阻止实现这些野心和要求呢？主要是因为他害怕失去爱。换而言之，神经症患者并非因为自己有非常严厉的"超我"，才限制自己的竞争心；真实的原因是，他发现自己陷入了进退两难的困境中，具有两种无法抗拒的需要，一种是野心，另一种是对爱的渴望。

神经症患者追求的两个目标互不相容

其实，这种困境是无法解决的。一个人无法既压制他人，又同时赢得他人的爱。正因如此，神经症患者内心承受着巨大的压力，这迫使他不得不想方设法试图解决这个困境。一般情况下，他尝试着以下述两种方式寻求解决，一种是让支配欲和由于无法满足支配欲而产生的怨恨合理化，另一种是对自己的野心进行限制。关于他怎样让自己的攻击合理化，我们可以简明扼要地进行阐述，因为和我们所讨论的神经症患者获得爱的方式，以及他们怎样使这些方式合理化时呈现的性质和特征相比，它们的性质和特征是完全相同的。无论是在这里还是在那里，合理化都是非常重要的策略之一，它的目是使这些要求合理化，使它们不会阻碍别人爱神经症患者。在一场竞争中，如果神经症患者贬低了他人，侮辱了他人，或者沉重地打击了他人，那么他对于自己的客观性是深信不疑的。如果他想剥削和压榨他人，那么他不但自己相信，而且试图让他人也相信，他此时此刻真的特别需要得到他人的帮助。

和其他任何行为相比，这种对合理化的需要会卓有成效地使一种隐秘狡诈的不真诚渗透到一个人的人格中，即使这个人的本质是诚实的，也难逃此运。同样地，它对神经症患者最普遍的一种人格倾向进行了解释，这种人格倾向是一种非常顽固、根深蒂固的一贯正确心理。有的时候，这种心理表现得特别明显，有的时候，这种心理则隐匿于一种自咎或者逆来顺受的态度背后。这种一贯正确的态度很容易和"自恋"倾向混淆。其实，它与一切形式的自恋都没有任何关系，它甚至没有任何自我欣赏和洋洋自得的成分。与表面现象恰恰相反，他从不真正认为自己一贯正确，而只是不计代价地、持续地需要显得正当且合理而已。换言之，这本质上是一种防御态度，它产生于迫不及待需要解决某种问题的内在压力，这种内在压力则产生于焦虑。

通过观察这种合理化需要，可以将其作为一种因素对弗洛伊德提出的异常严厉的"超我"思想起到启迪作用；在自己的反应中，神经症患者常常以破坏性冲动对这种异常严厉的"超我"要求表示屈从。所以，这种合理化的需要还能启发我们。作为一种应付他人的策略手段，这种合理化的需求是必不可少的，此外，在很多神经症患者身上，这种合理化的需求同样是满足自身需要的重要方式，它可以使神经症患者在自己的心目中显得正当且合理，没有可以指责的地方。在下文针对犯罪感在神经症中发挥的作用进行讨论时，我还要再次针对这个问题进行讨论。

产生于病态竞争的焦虑所导致的直接后果，就是恐惧失败和恐惧成功。之所以恐惧失败，在相当程度上是因为恐惧侮辱。任何失败都有可能意味着一场灾难。一个女孩如果在学校里没有认真学习自己想要掌握的某种知识，她不但会觉得羞愧，而且会觉得自己被班级里的其他女孩鄙视，还会遭到其他女孩的共同反对。她因为这种反应承受着巨大的压力，她会持续地把一切事情都视为失败。其实，这些事情并不代表失败，就算是真的代表着失败，这种失败也是不值一提的，例如没有考取班级第一名的好成绩，参加考试时局部失误，参加活动时没有获得巨大成功，没有达到"语不惊人死不休"的目的。总而言之，在她眼中，一切与她的过高期望不相符的事情都是失败。众所周知，神经症患者会对一切形式的冷落产生强烈的敌意，进而再带着敌意做出反应，并且，他们会将其视为失败和屈辱。

因为害怕自己冷酷无情的野心被他人得知，也因为害怕自己遭受失败而被他人嘲笑，神经症患者的这种恐惧很可能会严重加剧。相比起害怕失败，他更加害怕自己已经以某种方式表现出与他人的竞争意识，表现出他的确渴望获得成功，而且已经为此竭尽全力，却惨遭失败。他认为人们也许会原谅单纯的失败，甚至会对他表示同情而非敌意；但如果他对成功表现出浓厚的兴趣，很多想要迫害他的敌人就会马上把他团团围住。这些人对他凶相毕露，一直在等待着，只要发现他表现出任何失败或者虚弱的迹象，他们就会马上扑上来将他生吞活剥。

因为恐惧的内容不同，由此产生的态度也是不同的。如果神经症患者倾向于对失败本身感到恐惧，那么他就会更加努力，甚至不惜付出一切代价也要避免遭遇失败。每当他的力量和能力面临严峻的考验时，例如即将公开亮相或者参加考试，他就会产生大量焦虑。但如果神经症患者倾向于担心他人发现他的野心，那么就会得到相反的结果。此时，他因为感受到焦虑，而对一切事情都兴致索然，更加不愿意付出任何努力。我们应该关注这两种情形的对比，因为它表现出这两种在本质上同源的恐惧是怎样产生两种截然不同的特征的。一个人如果符合第一种模式，就会废寝忘食地埋头苦读，从而做好充分的准备迎接考试；一个人如果符合于第二种模式，就会事不关己，高高挂起，而且为了吸引他人的关注，他有可能故意沉迷于某种嗜好或者社会活动，他试图以这样的方式宣告世人，他压根不想学习功课。

恐惧的内容不同，由此产生的态度也不同

对于自己的焦虑，神经症患者常常没有意识，而对于焦虑的后果，他们是有所觉察和意识的。例如，他也许不能专注地投入工作，他也许会产生多疑症患者特有的恐惧，他也许会害怕因为从事体力活动而诱发自己的心脏病，他也许会担心进行过度的脑力劳动会使自己彻底崩溃，他也许会担心在进行某种活动后身心疲惫。神经症患者还会以此证明，他的健康会因为从事某种活动和付出努力而受到损害，所以他必须避免从事活动或者付出努力。

为此，神经症患者会选择退出竞争，不尝试做出任何努力，在此过程中，他也许会让自己沉溺于不同形式的消遣活动中，例如独自玩单人纸牌，或者参加聚会，与很多人一起聊天。此外，他也许会采取一种让自己显得很疲惫的姿态。一个女性神经症患者也许会让自己的衣着凌乱，从而给人留下慵懒邋遢的印象，因为她认为花费心思把自己打扮得非常漂亮只会惹人嘲笑，所以她宁愿故意给人留下不愿意打扮的印象。一个女孩容貌出众，非常漂亮，却自觉土气寒酸，因而不敢涂脂抹粉地出现在众人面前，因为她始终认为别人会嘲笑她："这个丑小鸭可真是没有自知之明，竟然想让自己变得有魅力！"

正是基于这样的心理，所以神经症患者总是倾向于不做任何想做的事情，这样才能让自己更安全。他的格言是："循规蹈矩、谦虚低调、谨小慎微，此外，千万不要引人关注。"正如维布伦曾经说的，无论是以悠闲舒适的方式还是以铺张浪费的方式引人关注，都将在竞争中发挥重要作用。相应地，逃避竞争也必然导致更加关注和突出与其相反的一面，也就是尽量避免引人关注。即一定要坚持习俗，坚守传统观念，切勿让自己成为备受瞩目的新闻人物，也切勿表现得不同凡响。

如果这种逃避倾向作为性格特征占据主导地位，它就会使人不敢承担任何风险。这种倾向必然导致生活变得越来越贫乏，也会扭曲潜能。因为除非在环境特别有利的情况下，否则获得一切形式的幸福和成就都必然要敢于冒险和不懈努力。

到此，我们针对因为有可能遭遇失败而产生的恐惧进行了讨论，然而，这只是伴随病态竞争产生的焦虑的表现形式之一。同样地，这种焦虑也会表现为恐惧成功。通过观察很多神经症患者，我们发现焦虑在相当程度上与对他人的敌意是密切相关的，这导致神经症患者哪怕有充分的把握获得成功，也会恐惧成功。

神经症患者之所以恐惧成功，是因为担心自己会因为成功而遭到他人嫉妒，并且因为成功而失去他人的爱。有时，这是一种主动自发的恐惧。我有一位特别有天赋且才华横溢的作家患者，因为妈妈也从事写作并且小获成功，所以她彻底放弃了写作。过去很久之后，她才满腹担忧、迟疑不决地重新开始写作，她不是担心自己写得不好，而是担心自己写得太好。在很长时间内，这个女患者无法做任何事情，主要是因为她极端恐惧自己会因为所做的每一件事情而招致他人嫉妒，所以她投入所有的精力想方设法地讨好他人，试图以这样的方式赢得他人的喜爱。这种恐惧也许只表现为一种隐隐的担心，害怕自己在做出成就之后必然失去所有朋友。

　　然而，在通常情况下，面对这样的恐惧，神经症患者更多意识到的并非恐惧本身，而是因恐惧而导致的各种抑制。例如，这种人打网球时，越是接近胜利，越是觉得自己受到了某种东西的阻碍，所以认定自己根本无法获得胜利。他也许会忘记一个对他的未来起到重要影响的约会，因而失约。在参加讨论或者参与谈话时，即使他的意见非常中肯而且是有益的，他也会用如同蚊子一样的声音，或者以极其简要的方式表达自己的意见，这使得人们对他的发言毫无印象，他的发言自然也就没有引起相应的轰动。他喜欢让他人代表他宣布或者发表他的工作成果。他发现，他只在和某些人在一起时才能思维敏捷、滔滔不绝、伶牙俐齿；而当与其他人在一起时，他总是思维迟钝，笨嘴拙舌。他只在和某些人在一起时能够得心应手地演奏某种乐器，表现出胸有成竹的大师风范；而和其他一些人在一起时，他却呆头呆脑，仿佛是稚嫩的新人。虽然他也因为这种不稳定的状态而倍感疑惑，但是他没有能力改变现状。必须在洞察这种逃避倾向之后，他才会恍然发现：当与不如他聪明的人交谈时，他就会情不自禁地、强迫性地表现出比对方更加迟钝和笨拙的模样，例如，和一个学艺不精的乐师一起演奏时，他就会在无意识的状态下被迫演奏得更糟糕。这是因为他很担心如果自己表现得比他人更优秀，就会伤害或者侮辱他人。

最后，如果他的确获得了成功，他不但无法享受成功的快乐，而且会认为这并非他的亲身经历。对于这种成功，他会尽量冲淡和贬低，甚至将其归功于某种机遇或者某种幸运，或者将其归功于某些不值一提的外来帮助或者外来刺激。在获得成功后，他也许会感到特别抑郁，一则是因为他产生了这种恐惧，二则是因为在他的内心深处潜藏着失望，即和他期望获得的成功相比，实际的成功并不值得高兴。

由此可见，==神经症患者的内在冲突一则产生于期望超越他人的、出类拔萃的、狂热且无法抗拒的强烈愿望，二则产生于只要有好的开端、进展相对顺利就必然阻止自己的巨大强迫性==。如果他成功地实现了一件事情，那么第二次他就必须把这件事做得非常糟糕；如果他在这节课上学得特别好，那么他在下节课上就必然学得特别糟糕；如果他在治疗中取得了好转，那么他必然马上又让病情恶化；如果他在今天给人留下了良好的印象，那么他在明天必然给人留下非常恶劣的印象。这一连串的事情反复发生，从而使他满怀绝望地与各种强大的怪癖不懈斗争。他很像珀涅罗珀，每天晚上都会拆散自己白天努力编织的锦缎。

在整个过程中的所有阶段都会发生抑制作用。神经症患者也许会彻底压抑自己的野心，这直接导致他们不愿意做任何工作；他也许想要做某些事情，但是无法专注地完成该项任务；他也许会特别出色地工作，但是拒绝承认这是成功；最后，他哪怕做出了伟大的成就，也有可能对这个成就毫无意识，或者不愿意对这个成就抱有欣赏的态度。

在逃避竞争的诸多方式中，最重要的方式是神经症患者通过假想在真实的或者想象出来的竞争对手之间，创造出一种无法超越的距离，从而达到使所有竞争都显得荒谬可笑的目的，这样他们就能在意识中完全消灭竞争心理。创造这样的距离，可以把他人放在至高的地位上，也可以把自己放在至低的位置上，这就能够使所有竞争的想法和竞争的企图都显得可笑，也压根无法实现。后面所述的这个过程，正是我即将阐述的"自贱作用"。

自轻自贱、自我贬低既可以作为一种自觉策略加以使用，也可以只是作为权宜之计加以使用。如果某个学生师从一位大画家，却画出了一幅特别好的作品，他在完全有理由担心老师嫉妒他的情况下，为了缓和老师的嫉妒，就会贬低自己的作品。但对低估自己的倾向，神经症患者只能依稀感觉到。哪怕他已经成功地完成了一件伟大的工作，他也会坚信别人做得比他更好，他的成功只是偶然的作用，他也许再也不能做得和这一次同样好了。哪怕他已经做得很好了，他还是会苛责自己，例如认为自己进展太慢等，因为他倾向于以这样的方式贬低自己的成就。一位科学家也许会对自己研究领域中的问题毫无头绪，这使得他必须在朋友的提醒下，才能意识到他曾经针对这些问题发表过专著。当有人向他提出一个无法解答或者特别愚蠢的问题时，他会更愿意认为这是因为他本人非常愚蠢。当读到一本书却对这本书怀有模糊的反对意见时，他不会以批判的眼光审察这本书，而是倾向于根据这本书做出推论，断言自己居然愚蠢到无法读懂这本书的程度。他甚至还会产生一种想法，即自认为对自己保持着一种客观的批判态度。

这种人不仅只能看到他自卑感的表面意义，还会坚持认为这是正确的。虽然他因为这些自卑感而感到特别痛苦，也时常怨声载道，但是他却无法接受任何证据，从而消除自己的自卑感。如果别人对他的工作能力给予至高评价，他会坚持认为别人高估了他，并认为自己所获得的成就只是一种假象而已。前文的那个女孩在体验到哥哥的侮辱后，在学校里产生了一种非比寻常的野心。虽然她在班级里始终出类拔萃，而且所有同学都公认她是一名名列前茅的好学生，但她依然坚信自己非常愚蠢，非常笨拙。虽然一个女人只需要照镜子，或者明显感觉到男人们都很关注她，就可以意识到自己是富有魅力的，但这样的女人却固执己见地认为自己毫无吸引力。很多不到40岁的人自认为太年轻，还无法担任领导工作，也不能发表自己的意见；但等到过了40岁之后，他马上觉得自己太老了，再也无法提出新的见解，更不能担任领导工作。因为总能赢得他人的尊重，有位大名鼎鼎的学者为此感到特别惊讶，因为他自认为自己是一个不值一提的庸才。他认为别人的恭维和赞美都是毫无意义的谄媚，也许还有着居心叵测的目的，为此，他常常感到愤怒。

这种现象随处可见。当下，自卑感也许是最普遍存在的邪恶，这种现象恰恰表明自卑感在我们时代的神经症患者身上起到了极其重要的作用。正因如此，他们才会顽固地坚持和保护自卑感。这些自卑感的意义在于，通过自我贬低，使自己显得低人一等，从而对自己的野心加以限制，这样就能缓解与竞争心理相关的焦虑。

自卑感也许会真正削弱和降低一个人的地位，因为这种自我贬低的倾向将会严重损伤一个人的自信心。 不管想要取得怎样的成功，都要以一定程度的自信心作为先决条件，无论所谓的成就指的是推销商品，还是捍卫自己的观点，或者是不按照标准食谱拌沙拉，甚至是给他人留下好印象。

具有强烈自卑倾向的人也许会梦见自己被竞争对手超越，或者梦见自己处在不利位置上。在潜意识中，他当然希望自己能够战胜对手，因而这些梦并不完全符合弗洛伊德针对梦是满足愿望的观点。然而，我们应该从广义角度上理解弗洛伊德的观点。如果直接的愿望满足会导致大量焦虑的产生，那么和直接的愿望满足相比，缓和这些焦虑就是更加重要的。所以，当一个恐惧自己野心的人梦见别人战胜了自己，这并非意味着他希望失败，而仅仅表明他宁愿接受失败。因为相对而言，失败对他造成的危害更小。我的一个患者计划在治疗期间进行一次演讲，因为在治疗期间她绞尽脑汁地想要战胜我。然而，她却梦见我正在进行一次特别成功的演讲，而她却坐在听众席上满怀崇拜地听我演讲。同样，一个具有野心的老师也有可能会梦见自己变成了学生的学生，而且无法完成已经成为老师的学生布置的作业。

还有一个事实可以证明自我贬低能够被用来控制野心的程度，即一个人最强烈渴望超越他人的能力恰恰是遭到贬低的能力。如果一个人的野心是在知识上超越他人，那么他就要以智慧和才能作为工具才能实现自己的野心，这必然导致智慧和才能遭到贬低。如果他的野心与爱欲有关，需要以长相和魅力实现这个野心，那么长相和魅力就会因此遭到贬低。这种联系特别常见，所以使得我们可以以自我贬低倾向汇聚于哪个点上作为依据，猜出一个人的最大野心。

到此可以证明这种自卑感与真实存在的缺陷毫无关系，我们只是将其视为逃避竞争的倾向产生的结果进行讨论的。然而，难道它们真的与真实存在的缺陷，与对真实缺陷的认识没有任何关系吗？其实，**这些自卑感是真实存在的缺陷和假想出来的缺陷共**

同作用的结果。产生于焦虑的自我贬低倾向和认知真实存在的缺陷这两种因素相互结合，才会产生这些自卑感。正如我反复强调的，哪怕我们能够成功地把某种冲动关在意识的大门之外，我们最终也是无法欺骗和愚弄自己的。正因为这样，那些具备我们讨论的这种性格倾向的神经症患者，才会在内心深处意识到自己具有必须加以隐藏的反社会倾向。他知道自己不够真诚，知道自己的伪装和隐藏在表面下的暗流是截然不同的，也依稀意识到所有的表里不一都是自卑感产生的重要源泉，虽然他拒绝承认这些表里不一的现象产生于被压抑的驱动力。因为不知道这些自卑感产生于哪里，他就无法真实地解释自己的所作所为，而只能努力地使之合理化。

还有一层原因，是他觉得他的自卑感直接地表现出一种真实存在的缺陷。因为他以野心为基础，针对自己的价值和重要性建立起各种幻想，所以他必须以自己的真实成就与自己是天才、完人的幻想进行比较。正是在比较的过程中，他才意识到自己的实际能力和实际行为都是相对低劣的。

神经症患者遭到真正的失败正是这些逃避倾向的结果，这些结果至少意味着，他无法达到他的天赋、才华本应达到的高度。那些原本和他处于同一个起点的人已经远远地甩下了他，那些人有更好的工作，做出了更伟大的成就。这种落后的局面并非单纯指的是外在成就。随着年纪增大，他更加明确地意识到自己的潜能和成就之间有着巨大悬殊。他敏锐地觉察到，无论自己拥有怎样的天赋和才能，都必然白白浪费它们；他意识到有些东西阻碍了自己的人格发展，尽管时间流逝，他却没有变得更加成熟。针对这种表里不一的差距，他以模糊的不满足做出了反应。这种不满足是真实存在、恰到好处的不满足，而非带有受虐狂的性质。

正如我在前文指出的，也许是外部环境导致潜能和成就之间存在巨大差距。但在神经症患者身上，这种差距标志着神经症产生于神经症患者的内心冲突。他在现实生活中遭遇失败，也因此导致潜能和成就之间形成了巨大的差距，必然会强化他已有的自卑感。所以，他不仅相信自己无法达到原本有可能实现的目标，而且他真的变得比他原本能够成为的人更加低能。如此一来，人格发展受到的不良影响成为自卑感的现实基础，这使得自卑感更加强烈。

同时，我所说的另一种差距，指的是不断上涨的野心和与野心比起来显得尤为贫乏且可怜的现实之间的差距。这样的差距使人难以忍受，所以必须进行补救。如此一来，作为补救措施的幻想应运而生。在这样的情况下，神经症患者以极其夸张的幻想取代了能够真实实现的目标。显然，这些夸张的幻想对他具有重要的现实价值，它们把他那种令人无法忍受的虚无感伪装起来；它们既使他认为自己很重要，又无须他参与任何形式的竞争，所以也就不会让他承受失败的风险；它们使他距离一切实际的能够实现的目标越来越遥远，也因而建立一种狂妄自大、不切实际的幻想。正是这种陷入绝境的价值，使这些过度夸张的幻想变得极其危险，因为和勇敢向前的康庄大道比起来，这种陷入绝境的死路对于神经症患者而言具有某些明确的、显而易见的利益。

我们必须把神经症患者的狂妄幻想，与正常人的狂妄幻想和精神病患者的狂妄幻想进行区分。在有些情况下，正常人也会自认为伟大，所以一厢情愿地强调自己的所作所为异乎寻常地重要，沉浸在将来做出一番大事业的幻想之中。然而，这些幻想只能起到微乎其微的作用，神经症患者并不会太过认真地对待它。精神病患者的狂妄妄想走向了另一个极端。他坚信自己是天才，是拿破仑大帝，是救世主耶稣，为此，他拒绝接受所有否定这种妄想的证据；他无法接受一切来自局外人的提醒，拒绝承认他只是一个无足轻重的看门人，是收容所里可怜兮兮的患者，是被他人无情嘲笑和轻视的对象。对于这种分裂和脱节，哪怕他最终意识到了，也会以有利于他狂妄幻想的方式做出决定，他认为他比所有人都更加聪明，所有人之所以故意轻视和侮辱他，只是为了伤害他。

在这两个极端之间，就是神经症患者。对于自己夸大其词的自我评价，对于自己针对这些评价做出的自觉反应，如果他最终能够意识到，那么他的反应就会更加接近正常人的反应。例如他在梦中让自己扮演王室成员，他会觉得这些梦荒诞无稽。然而，他虽然会在自觉意识中把这些夸张的幻想看作虚无缥缈的幻想，但是在情感上，这些幻想与他所产生的现实价值，与对精神病患者所产生的现实价值是相类似的。在这两种类型的病例中，只有一个原因，即这些狂妄的幻想具有极其重要的功能。无论多么动荡和脆弱，它们却支撑着神经症患者的自尊心。正是这个原因，才导致神经症患者一直死死地抓住这些幻想不愿意放手。

当患者的自尊心遭到严重打击时,隐藏在这种功能下的危险就会得以呈现。这种情况下,随着精神支柱轰然倒塌,患者就会跌落云端,一蹶不振。例如,一个女孩原本有充分理由相信别人是爱她的,有一天却猛然发现那个男子正为了是否与她结婚而迟疑不决。在进行交谈时,他告诉她:"我认为我还太年轻,还没有做好准备走入婚姻,也缺乏应对婚姻的经验。所以,我觉得更好的做法是,在真正走入婚姻之前,我应该接触更多的女孩。"受到如此沉重的打击,她抑郁寡欢,情绪低落,认为自己的工作也是极其不安全的,变得特别恐惧失败,紧接着就是希望彻底远离所有的人和事情,也不愿意继续工作。这种恐惧强大到哪怕面对让人欣喜若狂的事情,例如那个男孩后来决定和她结婚,老板也因为认可她的能力而愿意给她提供更好的工作平台,她也无法感到安全。

和精神病患者相比,神经症患者是不同的,他们能敏锐地觉察到痛苦,把现实生活中一切与他头脑中的幻想不相符的琐事都挂在心头。所以,他无法对自己形成稳定的评价,时而认为自己很伟大,时而认为自己无足轻重。只需要一瞬间,他就能够从一个极端跳到另一个极端。即使在深信自己的价值不同凡响的同时,他也会因为他人觉得他非常重要而感到惊奇。或者,他正觉得自己是最可怜、最低贱的人时,又会因为他人觉得他需要帮助而怒气冲天。他是如此敏感,就像是浑身正在承受剧烈疼痛的人无法忍受哪怕是最轻微的接触一样,他们所做的反应都是相同的,即马上退缩。他常常会受到伤害、蔑视、冷落,面对这些待遇,他自然而然地产生憎恨心理,让自己变得如同复仇者一样。

正因如此,我们才能再次见证"恶性循环"是怎样发挥作用的。显而易见,这些狂妄的幻想具有某种安慰价值,它们以想象的方式支持患者,同时,它们不但对逃避倾向起到了强化作用,而且以敏感作为媒介,催生出大量的愤怒和焦虑。当然,我们讨论的对象是严重的神经症,在比较小的程度上,不严重的神经症也有相同的表现。在这些并不严重的病例中,对于这样的情形,患者本人很难觉察。但从另一个角度来看,如果神经症患者能够从事某种建设性工作,那么就能够成功地建立良性循环。借助于这样的方式,他获得了更强大的自信心,所以他也就没有必要继续进行那些夸张的幻想了。

大多数神经症患者都缺乏成就，无论是在事业中，还是在婚姻中，无论是对于安全感，还是对于幸福感等，他都会落后于他人，这激发了他的嫉妒心理，也对他通过其他途径形成的嫉妒倾向进行了强化。无疑，很多因素都将使他压抑嫉妒倾向，例如性格中天生就有的高贵感、坚信自己无权争取任何东西，或者只是因为无法发现自己真的不幸福。然而，越是压抑这种嫉妒倾向，他们就越是会把这种嫉妒倾向投射到他人身上，因而产生一种时而偏执的恐惧，担心他人会在所有事情上嫉妒自己。这种焦虑非常强大，导致他常常感到特别难受，即使他的身上发生了很多好事，再如找到新工作、恭维自己、幸运地得到想要的东西、得到异性的青睐等，都是如此。从这个意义上来说，这种焦虑极有可能强化他的逃避倾向，使他避免拥有任何事物，避免获得任何成功。

抛开全部的细节暂且不谈，恶性循环产生于神经症患者对权力、名望和财富的病态追求。恶性循环的大体轮廓如下所述：焦虑、敌意、自尊心受伤→追求权力或者其他相似的事物→增加敌意和焦虑→逃避竞争的倾向，往往与自我贬低的倾向相伴而生→因此导致的失败和潜能与成就之间的巨大差距→过于高涨的优越感，往往与嫉妒心相伴而生→持续增强的狂妄幻想，常常与对嫉妒的恐惧相伴而生→更加敏感，常常与新的逃避倾向相伴而生→不断增多的敌意和焦虑，由此重新开始循环。

为了深入理解在神经症中嫉妒发挥着怎样的作用，我们必须从更广泛的角度考察嫉妒。神经症患者无论是否意识到自己是神经症患者，都是非常不幸的，而且他找不到任何机会逃避这种不幸。他竭尽全力去尝试，只为了获得安全感，但是旁观者却认为他陷入了一种恶性循环之中；对于神经症患者而言，他仿佛身陷天罗地网中苦苦挣扎，绝望无助。我的一位患者形容自己掉进了一间地下室，这间地下室有很多门，但是无论他打开哪一扇门，都只会陷入新的黑暗中。在此过程中，他始终知道他人正在地下室之外沐浴着阳光。我觉得，要想理解严重的神经症，就必须以**认识神经症中存在的这种令人绝望无助的感觉**为前提。这些神经症患者明确地表达了他们的恼怒，但其他那些神经症患者却选择无助地放弃，或者用流于表面的乐观主义掩盖自己的恼怒。我们很难发现有一个正在受苦的人隐藏在那些令人费解的自负、虚荣、敌意和苛刻要求之后。他认为自己永远都不可能真正享受到生活的乐趣，也认为自己只是生活的旁观者。他绝望地发现，哪怕他得到了自己想要的一切，也无法真正享受它。我们一旦意识到这些绝望感，就更容易理解那些从表面看来富于攻击性、卑鄙无耻、难以用某种特殊情境做出解释的行为。一个人如果彻底被关闭在幸福的大门外，没有希望得到任何欢乐，他必然会仇恨那不属于他的世界。

这种绝望感是以循序渐进的方式产生和发展起来的，嫉妒正是以绝望感为基础才能产生的。它并非只嫉妒某一种特殊的事物，而是尼采曾经提出的"生存嫉妒"，即对所有觉得更安全、更幸福、更率真、更平衡、更自信的人都产生了普遍性的嫉妒。

对于一个人而言，如果他的心中已经形成了绝望感，那么，不管这种绝望感与意识之间的关系是远还是近，他都会情不自禁地想要解释它。和精神分析医生把它视为一种无法抗拒的过程的结果不同，他认为它是由自己引起的，而非由他人引起。他常常同时责备自己和他人，虽然在绝大部分情况下，这两种原因中只有一种原因处于明显的位置。一旦他把这种责备强加于他人，他就会产生一种控诉和抱怨的态度。一般情况下，这种态度也许指向命运，也许指向环境，也许指向诸如医生、老师、父母和丈夫等某些具体的人。就像我反复强调的，在相当程度上，我们要从这个角度理解对他人的病态要求。神经症患者的思想仿佛遵循着如下路线："因为你们要对我的痛苦负责，所以你们都肩负着帮助我的义务，与此同时，我也有权利期望得到你们的帮助。"起初，他认为邪恶的发源地在于自己的内心，为此他感到他理所应当承受痛苦。

对于神经症患者有把谴责强加于人的倾向，人们常常会产生误解。听上去，这仿佛是在指责神经症患者毫无根据地谴责和

控诉他人。其实，他有充分的理由心生怨愤，因为他的确在童年时期遭受过不公正的待遇，有些患者即使在长大成人之后也未能幸免于难。然而，在他的谴责中存在着病态的因素，即它们盲目地、不由分说地取代向着积极的目标进行建设性的努力。例如，它们也许指向那些想要帮助他的人；同时，他也许会完全忽略那些真正伤害他的人，或者不能正当地谴责那些真正伤害他的人。

第十五章

病态的犯罪感

在神经症的外在表现中，犯罪感仿佛起到了至关重要的作用。在某些神经症中，这些犯罪感得以公开，且被大量地呈现；而在另一些神经症中，它们尽管被披上了伪装，但是能通过态度、行为、反应方式和思维方式等证明它们的存在。在这里，我将先以概括的方式对各种标志着犯罪感存在的外在表现进行讨论。

很多神经症患者都认为自己不配拥有更好的命运，并且他们以此对自己的痛苦做出解释。这种感觉也许非常模糊，完全不确定，或者还会依附于某些被社会禁止的思想或者行为上，例如，乱伦、手淫、诅咒亲人死去等。这种人风声鹤唳，很容易产生犯罪感。如果有人想要见他，他的第一个反应即他是来找我算账的，因为我曾经做过某件事情。如果朋友很长时间没有与他联系，他就会质问自己是否无意间得罪了朋友。如果有一些事情出了意外，他就会归咎于自己。即使他人显而易见地犯了错，他也会绞尽脑汁地责怪自己。只要发生争论，只要有利益冲突，他都倾向于不分青红皂白就断言他人是绝对正确的。

有一条时刻处于变化之中的界限，存在于这些隐匿的、每时每刻都准备爬上心头的犯罪感和那些在抑郁状况中得以呈现的、被解释为无意识的犯罪感之间。后者往往采取带有幻想性质的自责形式，这些自责形式还带有极大的夸张性质。为了使其在自己和他人的眼中都变得正当且合理，神经症患者一直在努力。在还没有清楚地认知这些努力的巨大策略价值时，就已经揭示了存在

第十五章
病态的犯罪感

这些不得不被搁置的、游离的犯罪感的真相。

神经症患者特别恐惧别人会反感自己,也特别恐惧别人会发现他们的内心,这就更加证明了存在这种隐隐约约的犯罪感的真相。在与精神分析医生讨论时,他的表现使人误以为他与精神分析医生之间的关系是罪犯与法官之间的关系,这使得在精神分析过程中他极不愿意与医生合作。对于医生做出的所有解释,他都会将其理解为对他的谴责。例如,如果医生告诉他某种潜伏的焦虑正隐藏在某种防御态度背后,他会当即回答道:"的确,我知道我一向胆小如鼠。"假如医生解释患者是因为害怕被冷落或者被拒绝,所以不敢接近别人,患者当即就会接受这个责难,并且做出解释,说他之所以这样做,是为了让生活变得更加轻松。在极大程度上,对于苛求完美的强迫性追求也产生于这种希望避免一切被人反感的需要。

最后,如果真的发生了某种不利的事情,例如遭到某种意外或者失去某种机会,神经症患者会显而易见地表现得轻松自在。他之所以做出这种反应,他之所以偶尔故意阻碍好的事情发生,仅从表面来看,我们也许会做出这样的假定,即认为神经症患者的犯罪感强烈到必须使自己受到某种惩罚才能消除。

如此一来,我们仿佛面对着大量证据,不但能够证明神经症患者内心深处的确存在着尖锐的犯罪感,而且能够证明这些犯罪感严重影响到神经症患者的人格。但是,虽然我们拥有了这些显而易见的证据,却依然要追问:神经症患者自觉意识到的这些犯罪感是真诚的吗?那些态度和症状的确表明存在无意识犯罪感,我们能够以另一种方式对它们做出解释吗？我们有充分的理由产生这样的怀疑。

和自卑感一样，犯罪感并非不受欢迎，神经症患者也并非急不可耐地想要摆脱它们。其实，他坚持认为自己是有罪的，并且拒绝所有企图解释他的行为努力。仅仅凭借这种态度，就足以表明他之所以像顽固地坚持自卑感一样顽固地坚持犯罪感，背后必然隐藏着某种具有重要作用和功能的倾向。

我们必须牢记另一个理由。发自内心地对某件事感到耻辱和后悔，常常使人陷入万分痛苦之中，在这种情况下，如果需要向他人表达这种感受，则会使痛苦加倍。其实，和正常人相比，神经症患者更害怕这么做，因为他们很恐惧别人的反感。但我们发现他们居然会怀着欣喜表达被我们定义为犯罪感的感受。

此外，我们经常把神经症患者的这种自责解释为潜在犯罪感的标志，其特征显然具有非理性成分。不管是在他那特殊的自我谴责中，还是在他那自觉不配得到任何仁慈、称赞和成功的依稀感觉中，他都极有可能走向非理性的极端，这意味着他将会从巨大的夸张走入彻头彻尾的幻想。

有一种情形也能证实神经症患者的自我谴责未必表现出真正的犯罪感。这种情形即神经症患者在无意识的状态下压根不相信自己真的毫无价值。哪怕他即将被犯罪感淹没，如果他人真的相信他的这种自我谴责，他极有可能因此而怒气冲天。

最后一个理由，就是后文阐述的这种现象。在针对忧郁症患者的自我谴责进行讨论时，弗洛伊德曾经指出神经症患者一边表现出犯罪感,一边缺乏原本应该与犯罪感相伴而生的羞耻感和谦卑感。他在公然宣布自己毫无价值的同时,却强烈地要求别人关心他、体谅他、崇拜他。此外,他还显而易见地表现出拒绝接受任何哪怕是最轻微的批评的倾向。这种矛盾也许会明显地暴露出来,例如,对于报纸上报道的所有罪行,一个女人都会产生一种隐隐约约的犯罪感,每当有家庭成员死亡时,她都把责任归咎于自己。然而,当她的姐姐柔声细语地责怪她不要奢求过度的关心和体谅时,她却怒气冲天,歇斯底里,居然激动得昏倒在地。这种矛盾未必总是以这样明显的方式呈现出来,更多的时候,它隐藏在表面现象背后。神经症患者也许会把自我谴责的态度与正常的自我批评态度混淆起来。有一种信念能够很好地掩盖他对批评的敏感,这种信念就是:只要这种批评是建设性的,而且是善意的,我就应该虚心接受。然而,他们只是以这种信念作为屏障掩护自己而已,此外,这种信念与事实是相互矛盾的。其实,即使是确凿无疑的善意忠告,他也会勃然大怒,因为一切形式的忠告都表明他的不够完美。

如果我们认真细致地针对犯罪感的真实性进行考察和检验,就会发现那些仅从表面看起来是犯罪感的现象,绝大多数都是焦虑的表现,或者是一种专门用以对抗焦虑的防御机制。在特定的范围内,正常人也是适用这一点的。在我们的文化中,和畏惧人相比,畏惧神是更加高尚的,如果用非宗教的语言进行表达,则意味着出于良心而拒绝做某件事情,和因为恐惧受到惩罚而拒绝做某件事情相比,是更加高尚的。很多丈夫自称出于良心才忠于妻子，其实只是害怕妻子而已。神经症会产生大量焦虑，这使得和正常人相比，神经症患者更倾向于以犯罪感作为伪装掩盖焦虑。神经症和正常人的区别在于，==神经症不但恐惧极有可能发生的后果，而且还会以极其不符合实际情况的恐惧预想某些后果。==当时的情境，决定了这些预想具有的性质。他也许会进行一种夸张的想象，预感到某种马上就要发生的惩罚、抛弃或者报复；或者，他的恐惧很有可能是极其模糊的。但是，不管他的恐惧具有怎样的性质，当所有恐惧集中于同一个点上时，我们就可以将其归为担心遭到反感的恐惧；或者，如果这种担心遭到反感的恐惧已经形成了一种信念，那么我们就可以将其归为担心被人发现隐秘的恐惧。

在神经症中，担心遭到反感的恐惧是很常见的。所有神经症患者无论表现得多么充满自信，漠不关心他人的意见，其实他都会以极度的恐惧和高度的敏感，来面对被人反感、被人批评和被人指控，以及被人发现自己的隐秘。我在前文说过这种担心遭到反感的恐惧常常被理解为潜在犯罪感的标志。换言之，人们认为它是犯罪感的结果。但是，这个结论因为批判性的观察而变得非常可疑。在精神分析的过程中，患者往往无法主动表述某些想法和某些经验。例如，他们很难把自己关于手淫、死亡、乱伦的想法和经验分享给医生，因为对于这些想法和经验，他们产生了极大的犯罪感。更确切地说，他们认为自己应该为此产生犯罪感。当获得了充分的信心，可以从容坦然地谈论这些问题时，他们就会发现医生并没有反感他们的这些想法和经验，因此，他们的"犯罪感"马上就销声匿迹了。由此可见，他们是因为焦虑，也因为和普通人相比更加依赖于众人的观点和意见，还会单纯地把众人的意见误作为自己的判断，所以才会产生犯罪感。况且，虽然在公开讲述催生这些犯罪感的经验后，这种特殊的犯罪感已经彻底消失了，但他担心招致他人反感的敏感程度并没有什么改变。通过观察这种现象，我们可以得出结论：神经症并不是因为犯罪感害怕遭到反感而产生的恐惧，而是因为害怕遭到反感因而产生恐惧导致的结果。

不管是对于犯罪感的发展还是对于犯罪感的理解而言，恐惧他人的反感都具有非常重要的意义，所以我必须在此处深入探讨它的内涵。

因为害怕遭到反感而产生的过度恐惧，既可以不加区别地针对所有人，也可以只针对朋友。一般情况下，神经症患者无法正确地对朋友和敌人进行区分。起初，这种恐惧只是涉及外部世界，而且在不同的程度上只关系到他人的不同意见。但这种恐惧能够内化，越是在发生内化的情况下，和来自自我的反感相比，来自外界的反感就会显得更不重要。

对害怕遭人反感的恐惧可以以各种形式表现出来。有时，它表现为始终害怕得罪他人。例如，神经症患者不敢拒绝别人的邀请，不敢反对别人的意见，不敢表达自己的任何愿望；他们生怕不符合习俗，生怕违背了某些已经形成的标准，生怕以任何方式显得与众不同，更不敢吸引他人的关注等。它具体表现为总是担心别人了解自己，即使在确定他人喜爱自己的情况下，他也总是习惯性退缩。他之所以这么做，只是为了避免别人在了解自己之后，又无情地抛弃自己。同样地，它也可以表现为拒绝被他人知道任何与自己有关的私人事情，或者愤怒地对待别人提出的任何与自己有关的无害问题，因为他把别人这样的提问理解为打探他的隐私。

对于医生而言，患者对害怕遭人反感的恐惧是非常因素，使精神分析过程变得尤为困难；对患者而言，则给他们带来了很多痛苦。尽管对每个人的分析都是不同的，但是这些分析却有一个共同特性，即患者一边希望医生能够帮助自己，理解自己，一边又会反抗医生，认为医生对于他们而言是最危险的入侵者。因为这样的恐惧，患者在医生面前就像是罪犯站在法官面前；此外，他们也和罪犯一样暗下决心，坚决否认自己的所有真实想法，并且想尽办法引导医生进入错误的治疗道路。

在梦境中，这种态度表现为被迫忏悔，并且为此而感到非常苦恼。我有一位患者，在我们即将揭开他的某些压抑倾向时，他做了一个与此相关的、意义非同寻常的白日梦。他想象自己看到一个孩子，这个孩子有一种习惯，即时常会在一个梦幻的小岛上寻求庇护。这个孩子加入了岛上的某个集体，成为其中一员。在小岛上，占据统治地位的法律严禁让外人得知小岛存在的消息，而且对所有入侵者都判处死刑。在这个梦境中，精神医生的角色经过伪装，变成了一个得到孩子敬爱的人，他恰巧找到了上岛的路。根据法律，他将会被判处死刑。但这个孩子可以拯救他，前提是他必须发誓自己永远不会回到岛上。在整个分析过程中，患者始终以不同形式存在的内心冲突，通过这样的方式得到了艺术呈现。这种冲突表现出患者对精神分析医生的复杂感情，即既喜爱医生，又仇恨医生。他之所以仇恨医生，是因为医生试图侵入他内心深处各种秘而不宣的思想和情感中，这体现出他的矛盾心理，即既想通过反抗保护自己的隐秘，又想要放弃这些隐秘。

如果这种怕遭反感的恐惧不是产生于犯罪感，那么人们就会感到疑惑不解：对于被人发现隐秘和遭人反感，神经症患者为何这么担心和恐惧呢？

他们之所以怕遭人反感，主要原因在于，和表现给自己和世界看的"面孔"相比，神经症患者隐匿于面孔背后的所有受到压抑的倾向是完全不同的，这两者之间存在巨大差距。因为无法与自己真正合为一体，因为必须保持所有伪装，所以神经症患者备受痛苦的煎熬。虽然他并没有充分地意识到真相，但是他必须拼尽全力保护这些伪装，因为它们作为屏障能够保护他不受自己潜在焦虑的袭击。如果我们发现他害怕遭人反感的恐惧正是以这些他必须隐藏的东西作为基础的，我们就更容易理解某种"犯罪感"为何会消失，而无法把他从恐惧中拯救出来。其实，我们还要改变更多的情形。简明扼要地说，他人格中的不真诚，更确切地说，他人格中属于病态部分的不真诚，形成了他对遭人反感的恐惧。也正是因为这种不真诚，他才会恐惧被人发现内心的隐秘。

> **害怕遭人反感的表现形式**
> - 害怕得罪他人
> - 担心别人了解自己
> - 拒绝被别人知道任何私人事件
> - 在心理医生面前否认自己的真实想法

提起这些隐秘的特殊内容，人们习惯上归入攻击性的所有心理内容的总和，正是他首先想要隐藏的内容。使用该术语不但包含他的反应性敌意，例如，嫉妒、愤怒、仇恨、侮辱他人的想法等诸如此类的东西，也包含他对他人的所有隐秘要求。我已经在前文针对这些要求进行了详细讨论，所以这里只需要一言蔽之，即他不想自立自强，也不想自食其力，更不想通过努力获得成功，或者得到自己想要的一切。与此相反，他内心深处一直想依赖于他人生活，他根本不在乎是通过支配和剥削他人的方式实现依赖于他人的目的，还是通过温情、爱或者顺从的方式实现依赖于他人的目的。如果他的这些敌对反应或者隐秘要求有被他人发现和触及的危险，他就会陷入巨大焦虑之中。这并非因为犯罪感，而是因为他发现有人严重威胁到了他获得自身需要的支持的机会。

其次，他想隐藏的是：他认为自己很软弱，缺乏安全感，常常觉得无能为力，自信心不堪一击，焦虑却异常强大。因此，他不得不以孔武有力的面孔示人。然而，他越是想要通过支配他人的方式追求安全感，他的骄傲就越是与力量密切相关，他也就越是彻底藐视自己。他对于软弱中存在的危险已经有所意识，此外，他觉得不管是在自己还是在别人身上表现出软弱都是令人感到耻辱的。他把所有不足都解释为软弱，无论这种不足指的是无法战胜内心的障碍，还是无法成为一家之主，又或者是无法接受他人的帮助，无法摆脱心中的焦虑。他从根本上蔑视自己内心的"软弱"，他始终害怕他人会因为发现他的软弱而藐视他，所以他必须不惜一切代价地把这些软弱藏匿起来；同时，他始终担心别人迟早会洞察他的内心，因为他的焦虑始终无法得以消除。

从这个意义上来说，犯罪感和与犯罪感相伴而生的自我谴责，并非怕遭反感的恐惧产生的原因，而是怕遭反感的恐惧产生的结果。此外，它们还能作为一种防御措施，对抗这种恐惧。与此同时，它们始终为了获得安全感和掩盖真实问题的双重目标而不懈努力。在实现了后一个目标之后，为了使它们显得不那么真实，要么选择把注意力从本该隐藏的内心隐秘上进行转移，要么以极其夸张的方式处理这些隐秘。

为了对类似的情况进行说明，我将列举两个事例。有一天，一个患者对自己进行了无情的谴责，既谴责自己忘恩负义、没有感恩之心，又谴责自己是医生的负担和累赘，还谴责自己没有意识到和医生对他的付出相比，医生所收取的治疗费是微乎其微的。然而，在治疗结束时，他却发现自己把要付给医生的治疗费忘在家里了。这足以从一个方面证明，虽然医生尽心竭力地治疗他的病症，但是他却不想付出任何代价。他的自我谴责是夸大其词的，也是不符合实际的，因而和其他情况下一样起到了掩盖具体问题和使具体问题变得模糊的作用。

用自我谴责的方式对抗被人反感的恐惧，从而获得安全感

给您添麻烦了。

太抱歉了！

一个女性充满智慧，也很成熟，常常因为自己如同孩子一样大发雷霆而深感愧疚。在理智上，她心知肚明正是因为父母的行为冷漠无情，所以她才会大发脾气。在此过程中，她不再盲目地相信父母的所作所为都是正确的，而是意识到父母的所作所为应该受到谴责，但是她依然产生了很深的负罪感。最终，她与男人发生性关系失败了，她居然将其解释为自己对父母怀有敌意，所

以才会受到这样的惩罚。她谴责自己对父母做出的冒犯行为，也以这样的原因解释她为何无法与男人拥有正常的性关系，从而实现了掩盖那些真正发生作用的因素的目的。因为对男人怀有敌意，因为恐惧被冷落或者被拒绝，她带着先入为主的观念，抢先采取了一种自我保护的姿态，即退缩。

这种自我谴责的方式不但能够起到保护自己的作用，而且可以用来对抗被人反感的恐惧，还能通过说反话的方式获得正面的安全感。在这种情况下，即使并没有牵扯局外人，这些自我谴责也能够提高神经症患者的自尊心，从而使他们获得安全感。自我谴责往往表明神经症患者的道德判断力是非常敏锐的，所以他们才会主动谴责自己那些不为人知的过错，他因为自己做到了这一点而自觉伟大，自我感觉良好。此外，自我谴责还能宽慰神经症患者，因为它们通常不会涉及他的真实问题，也不会涉及他对自己产生的诸多不满，从而给他留下一条活路，使他相信自己的本质还算是好的。

在继续深入讨论自我谴责倾向具有的心理作用之前，我们必须对避免遭人反感的其他方式进行考察。很多神经症患者坚信自己永远正确或者完美无瑕，他们以这样的方式避免给他人留下批评的理由或者把柄，从而实现抢先阻止任何批评的目的，这种方式和自我谴责完全相反，但是其作为一种防御措施，能够和自我谴责达到相同的目的。

只要出现这种类型的防御措施，那么一切行为，包括犯了显而易见的错误的行为，都会被说成是正当合理的，就像有一个非常聪明、富有经验的律师滔滔不绝地为它进行了诡辩。这种态度发展到这样的程度，使得神经症患者必须使自己在所有不值一提、微不足道的小事上都要表现得正确，例如在气候问题上要表现得正确。因为对这种人而言，哪怕是在细节上犯错，也有可能导致他们全盘皆输。一般情况下，这种类型的人既不能容忍情感上的不同偏好，也不能容忍哪怕最细微的不同意见，因为他认为只要持有不同意见，就是在反对和批评自己。在相当程度上，这种倾向对所谓的"虚假适应"做出了解释。在那些略严重的神经症中，这种态度是很常见的。那些略微严重的神经症患者想方设法地使自己在自己眼中和在他人眼中都显得是"正常人"，而且他们还伪装出极强的适应环境的能力。在这种类型的神经症患者身上，我们能够准确地预言，他心中必然存在极大的恐惧，这种恐惧产生于怕遭人反感和怕被人发现内心的隐秘。

为了保护自己避免遭到他人的反感，神经症患者采取的第三种方式是凭着无知、患病或者绝望无助的方式寻求庇护。我遇到过一个特别具有代表性的病例，这个病例是我在德国期间治疗的一个法国女孩。我曾经提到过两个女孩，她就是其中之一。她的父母怀疑她智力低下，所以把她送到我这里。在进行分析治疗的最初几个星期里，我也怀疑过她智力低下，因为对于我说的一切，她根本听不懂，虽然她的德语能力很强。我试图用最简洁凝练的语言重复相同的问题，却发现无济于事。最后，发生了两件事情，这样的困局才被彻底打破。她做了一些梦。在一个梦里，我的诊所变成了监狱，或者，就像是某个为她进行体检的医生的诊室。在另一个梦里，她极其恐惧任何方面的体检。这两个梦都表现出她陷入了被人发现隐秘的巨大焦虑中。另一件事是她在生活中发生的一个偶然事件。在某个特殊的时刻里，她没有按照法律要求出示护照。当被带去见政府官员时，她以假装听不懂德语的方式试图逃避惩罚。她一边向我讲述这件事情，一边哈哈大笑。突然之间，我意识到她也一直在用同样的战术对待我，就连动机也是相同的。通过上述事件，她证明了自己不但拥有正常的智商，而且非常聪明。她始终把愚蠢和无知当作挡箭牌，试图以这样的方式避免被责骂和被惩罚。

从原则上来说，任何人如果觉得自己是，或者把自己表现得很像是没有责任感、不值得被信任、无所事事的人，都会采取相同的战术和策略。有些神经症患者在漫长的一生里始终采取这种态度对待人生，哪怕他们的举止并不那么幼稚，他们也拒绝一本正经地看待和评价自己。在精神分析治疗中，这种态度的功能和作用得以验证。很多人在必须承认自己有攻击倾向时，也许会突然之间感到绝望无助，或者表现得像个不谙世事的孩子。他们只是渴望得到爱和保护，除此之外，他们不需要得到任何东西。他们也许会做一些梦，在梦中，他们发现自己软弱无力、渺小可怜、孤独无助，或者躺在妈妈的怀抱里，或者蜷缩在妈妈温暖的子宫里。

在某种特定的情境中，他们如果无法以有效应用绝望无助的方式实现逃避的目的，那么就会转为使用生病的方式实现逃避的目的，即借助于疾病逃避自己即将面临或者正在面临的困境。同时，神经症患者还会使用疾病作为屏障，从而帮助自己回避某种明确的意识，即他正因为恐惧而逃避他应该解决的困境。例如，一个神经症患者与上司相处不好，就会以严重的消化不良寻求保护。在这种情况下，他使自己变得很无助，目的在于使自己看起来失去了采取任何行动的能力。换言之，这是在为自己寻找借口和托词，从而避免意识到自己是很怯懦软弱的。

最后一种防御措施，也是最重要的一种防御措施，即逃避他人一切形式的反感，相信自己成了他人的牺牲品。因为自觉被人利用，神经症患者就无须谴责自己想利用他人的倾向；因为自觉可怜，认为自己被人忽视和冷落，他就无须谴责自己想占有他人的倾向；因为认识到他人对自己毫无帮助，他就无须使他人看出自己有战胜他们的倾向。他们频繁地使用、顽强地坚持这种自认为成了他人牺牲品的策略，因为这是最有效的防御方法。它既可以帮助神经症患者避免自责，也能帮助神经症患者有充分的理由谴责他人。

接下来，我们继续讨论自我谴责的态度。对于神经症患者而言，这种自我谴责一则能够保护自己，避免自己遭到他人的反感和恐惧，二则能够帮助自己从正面获得安全感，三则还使自己意识不到自己有必要进行任何形式的改变。其实，神经症患者只是以自我谴责取代了自我改变而已。对于任何人而言，对已经定型的人格进行任何形式的改变都极其困难。但是，对神经症患者而言，这项任务加倍艰难。一则是因为神经症患者不认为自己有必要改变人格，二则是因为焦虑使神经症患者人格中的很多态度都变得不可或缺。正是因为这样，他特别恐惧发现自己必须改变自己的态度，并且会因而畏缩不前，坚持认为自己没有任何必要进行改变。他们固执地认为以自我谴责的方式就能够"蒙混过关"，也以这样的方式逃避认识。日常生活中，这种情形随时随地可见。如果一个人对于自己已经完成的某件事情或者没有完成的某件事情深表痛恨，并且因此对导致这种情况发生的人格态度进行改变，他就不会使自己始终沉浸于犯罪感。和彻底悔悟、重新做人相比，悔恨、自责的确更加容易。

顺便要说的是，神经症患者还会采取另一种方式蒙蔽自己，避免使自己意识到改变自己是很有必要的。这种方式就是，把自己现有的问题理智化。很多患者都喜欢这么做，他们通过学习和掌握心理学知识，包括学习和掌握与自己有关的心理学知识，获得理智上的极大满足。但他们却停滞于此。如此一来，他们就会把这种理智化的态度当作一种保护手段，从而避免在情感上有任何体验，也能够避免真正地意识到改变自己是很有必要的。

患者还可以使用自我谴责的态度排除他人的威胁，因为自己肩负罪过仿佛是一种更加安全和稳妥的方式。在神经症中，对指责和批评他人的抑制作用，以及因此得以强化的指责自己的倾向都发挥着极其重要的作用。

通常，这些抑制作用都有形成和发展的过程。如果一个孩子从小生活在一种产生恐惧、仇恨并且会限制自尊心自然发展的环境中，那么孩子就会对周围的环境产生谴责。他非但无法表达这些谴责，如果他很胆小怯懦，他甚至不敢在自觉意识中感受和觉察这些谴责。一则是因为他单纯地恐惧惩罚，二则是因为他担心失去自己需要的爱。在现实生活中，这些幼年时期的反应拥有坚不可摧的基础，因为创造这种环境的父母因为自身的病态敏感，根本不可能接受任何形式的批评。但这种态度之所以普遍存在，其根本原因是一种文化因素。在我们的文化中，父母是以权威性的力量为基础构建自身地位的，他们必须依靠这种权威性的力量，才能强迫孩子对他们表示顺从。在很多家庭里，家庭成员之间的关系是以仁爱为主的，父母无须过于强调作为父母的权威力量。但即使是这样，只要这种文化态度依然存在，它就会不同程度地给家庭成员之间的关系蒙上阴影。哪怕它隐入幕后，家庭成员之间的关系也无法完全明媚起来。

　　当一种关系以权威为基础建立时，就会禁止破坏权威的批评。人们也许会采取公开的方式禁止批评，并且以惩罚为手段维系和推行禁止批评的规定；但更卓有成效的方式是使这种禁止以比较隐蔽的方式推进，并且依靠道德维系和推行禁止批评的规定。如此一来，不但父母的个人敏感将会阻碍和限制孩子对父母的批评，而且上述事实也会阻碍和限制孩子对父母的批评。这样的隐蔽方式即因为文化的熏染，使父母坚信孩子批评父母是莫大的罪过，因此以直接或者间接、显而易见或者隐晦的方式影响孩子，从而使孩子和父母一样对此深信不疑。在这样的情形下，一个胆大的孩子也许会以某种方式反抗父母，但他却会因为自己做出的反抗而产生犯罪感；相比之下，一个胆小的孩子不敢对父母表示任何不满，随着时间的流逝，他甚至不敢想象父母是有可能

第十五章
病态的犯罪感

犯错的。然而，他感到必然有人犯错了，为此，他得出结论：既然父母是绝对正确的，那么错的肯定是自己。毋庸置疑，这个过程并非源于理智的推论，而是源于情感作用；并非源于思维，而是源于恐惧。

通过这样的方式，孩子渐渐地产生了犯罪感，更确切地说，他形成了一种倾向，在这种倾向的作用下，他开始在自己身上寻找和发现过错，而非保持冷静和理智，更不能做到客观地衡量双方的是非对错，也不能做到针对整个情境进行考察。他因为责怪自己而感到自卑，而非感到罪过。但是，有一条随时都可能变化的界限存在于自卑感和犯罪感之间，这个界限完全取决于对流行于他生存环境的道德准则的倾向于明还是倾向于暗的强调。一个女孩如果总是对姐妹表示屈服，并且即使遭到不公平的待遇也因为恐惧而逆来顺受，一直压抑自己内心的不满和反抗，那么她也许会告诉自己这种不公平的待遇是合理存在的，因为她原本就不如姐妹们，例如不如姐妹们聪明，或者不如姐妹们美丽；又或者她也许会认定自己是个坏孩子，因而断言姐妹们出于正义才会这样对待自己。在这两种情况下，她都倾向于责怪自己，而丝毫没有意识到自己正在被姐妹们虐待。

这种反应未必会持续下去。如果孩子没有深刻地将其铭刻在脑海中，如果孩子所生存的环境改变了，如果孩子遇到了愿意欣赏他、赞美他并且能够在感情上大力支持他的人，这种反应就会随之变化。如果这种反应从未发生任何变化，那么孩子的这种把谴责他人转化为谴责自我的倾向就会变得越来越严重。同时，他会从不同的根源对世界产生仇恨，这些仇恨渐渐聚积，使得他们对表现仇恨的恐惧也持续地增强，因为他会更加恐惧被人发现，并且会假设他人和自己一样高度敏感。

但是，要想解释这种态度，只是发现一种态度的产生根源和历史渊源是远远不够的。不管是从实际的角度出发考虑，还是从动力的角度出发考虑，关键在于此时此刻到底是怎样的因素导致患者产生了这种态度。神经症患者之所以很难批评和指责他人，是因为他的成年人格中包含着很多不同形式的决定性因素。

首先，在这个方面表现出的无能为力，是他缺乏自发的自我肯定的一种表现。为了理解这个缺陷，可以以我们文化中的正常人感受和表达对他人的指责的方式作为比较对象，把神经症患者的这种态度拿来与其比较。简言之，就是把这种态度与正常人感受和表达攻击与防御的方式进行比较。在争论中，正常人能够为自己的主张进行辩护，能够驳斥别人居心叵测的指责、强求和嘲讽，能够从内在的或者外在的角度对他人的忽视、欺骗和冷落表示抗议，能够对他讨厌的或者在当时的情境允许的条件下对他人的施舍与要求表示拒绝。在需要时，他能够感受到并且表达对他人的批评，他能够感受到并且表达对他人的指责；在他愿意的情况下，他可以故意拉开与某人之间的距离，或者敷衍了事地应付某人。除此之外，他能够进行正当的自卫，也能主动出击，而不会因此产生过度的紧张情绪。而且，他还能够在过分的自我谴责和攻击倾向之间采取折中的办法，无疑，他也有可能因为这种倾向而对整个世界产生不正当的、疾风暴雨式的谴责。只有当神经症患者不同程度上缺乏这些条件基础时，才有可能实现这种幸福的折中办法，这些条件如下所述：相对而言，摆脱了充斥于无意识的敌意，并且具有相对安全的自尊心。

当一个人没有这种自发主动的自我肯定时，必然会导致一种结果，即产生软弱感和缺乏自我保护的无能为力感。 一个人哪怕是不假思索地意识到只要形势需要，自己就能主动出击和进行自卫，他就是坚强的，而且对于自己的坚强，他是有所意识和觉察的。反之，一个人如果对于自己其实无法做到这一点心知肚明，那么就证明他是软弱的，而且对于自己的软弱，他同样是有意识和觉察的。对于自己是因为恐惧还是因为明智而压抑了一场争论，是因为软弱还是因为正义而接受别人的指责，每个人都能如同钟表一样进行精确的记录；即使我们能够欺骗自我意识中的自我，也无法欺骗内心的自我。对于神经症患者而言，这种软弱的记录将会以隐秘的方式源源不断地产生恼怒。当一个人不能发表自己的不同见解，不能为自己的主张进行辩护时，就很容易抑郁消沉。

其次，批评和谴责他人还有一个更加重要的障碍，是与基本焦虑密切相关的。如果一个人对外部世界弥漫的敌意有所感知，却又无能为力，那么，不管冒着得罪他人的任何风险都仿佛是胡作非为。对神经症患者而言，他们所冒的这种危险是更加巨大的，他必须以得到他人的爱为基础才能建立安全感，这使得他非常恐惧失去这种爱。和对正常人所具有的含义相比，得罪他人对于神经症患者所具有的含义是完全不同的。既然他与他人的人际关系脆弱得不堪一击，他当然不会相信他人与他的人际关系是坚如磐石的。从这个意义上来说，他觉得得罪他人表明他必须承担彻底决裂的危险，他预感到他人将会彻底抛弃自己，他人将会仇恨自己，会毫不迟疑地踢开自己。除此之外，他总是假定他人和他一样恐惧被人发现隐秘或者被人批评，因此，他倾向于小心谨慎地对待他人，这正如他希望他人也能够小心谨慎地对待他一样。因为他极其恐惧指责他人，甚至连想都不愿意想，因而他陷入了一种特别艰难的困境中，就像我们所看见的，他的内心充满了日积月累的不满和憎恨。其实，所有熟悉神经症患者行为的人都心知肚明，神经症患者的确时而以隐晦的方式，时而以公开的方式，时而以最富于攻击性的方式，把他人的大量指责表现出来。因为神经症患者对于批评和指责他人心怀怯懦，所以在这里很有必要概括地讨论这些指责需要怎样的前提条件才能得以表现。

它们必须在绝望的压力下才能得以表现，更确切地说，要在神经症患者意识到自己已经没有什么可以因此失去的情况下才会得以表现。这个时候，不管他如何彬彬有礼，都难逃被他人拒绝的厄运。在他拼尽全力想要表现得仁慈友善、温柔体贴时最容易发生这种情形，但面对他所做的这些努力，他人并没有马上回应他，也没有马上拒绝他。他的绝望能够持续多久，决定了他的全部谴责将会集中于一件事上爆发，还是会维持得更加长久。

他既可以抓住机会将自己全部的不满和怨恨发泄于他人身上，也可以让这些谴责维持更久的时间。他在内心深处暗暗地希望他人知道他陷入了无助的绝望中，并且希望他人愿意原谅和宽恕他的所作所为。即使绝望是毫无意义的，也依然存在相同的情形，只要与这些谴责相关的人是神经症患者在自觉意识中仇恨的对象。从这些人中，他并不奢望能够得到任何好处。接下来我们将要讨论另一种情形，在那种情形下，根本不存在任何真诚的因素。

当感觉到自己被人洞察和被人指责，或者意识到自己正处于即将被人洞察和被人指责的危险中时，神经症患者很有可能会以一种异常猛烈或者相对缓和的方式谴责他人。这时，和被人反感的危险比起来，激怒他人的危险不值得畏惧和逃避。他因为自觉危急时刻而主动发起反攻，就像在生死存亡的时刻，一头胆小怯懦的动物却能够拼死一搏，只为了突出重围。在极其恐惧某件事情会被揭露的情况下，在做了某种有可能会遭到反感的事情时，神经症患者常常会将如同疾风骤雨一样的指责都发泄到精神分析医生身上。

和在绝望的压力下指责他人完全不同，这种攻击带有盲目性。神经症患者哪怕不认为自己是正确的，也会发泄这些攻击和指责，因为他们发泄这些攻击和指责的目的很单纯，即排除一种迫在眉睫的危险。为此，他们不择手段，不计后果。在这些攻击和指责中，大多数谴责都是夸张的、虚幻的，只有极少数谴责被神经症患者认为是真实的。在内心深处，神经症患者认为这些攻击指责是站不住脚的，即不成立的，所以并不奢望别人拿它当真。与此相反，如果他人对这些谴责信以为真，如果他人就此与他展开辩论，或者表现得很受伤，他反而会感到大吃一惊。

当发现神经症患者的人格结构中原本就包含着对指责的恐惧，并且更深刻地意识到这种恐惧的各种表现方式，我们就可以理解关于这个方面的很多表面现象为何是自相矛盾的。即使内心充满了对他人的强烈指责，神经症患者也常常无法表达正当且有充足理由的批评意见。例如每当丢失了某件东西，神经症患者都坚信是女佣偷走了它。虽然这样，他却无法抗议或者指责她无法准时开饭的相关做法和行为。他真正做出的指责总是带有一种虚幻的性质，这使得他无法说到关键之处，也使得指责披上了一层虚伪的色彩，要么没有任何道理，要么纯属捏造和虚构。作为患者，他也许会粗鲁地指责和咒骂医生，认为医生毁了他，但他却不能以一本正经的方式真诚地抗议医生抽烟的不良嗜好。

这些公然呈现的谴责，并不能帮助神经症患者完全释放心中淤积已久的不满和仇恨。要想彻底释放这些不满和仇恨，他必须通过很多间接的方式，这些方式既允许神经症患者表现不满和仇恨，又能够使神经症患者对自己的发泄毫无意识。其中，他无意间表现出一部分不满和仇恨，对于其他不满和仇恨，他则会将其从自己真正想要诅咒的人身上转移到相对与这件事情没有关系的人身上。例如，一个女人在嫉妒丈夫时，也许会无缘无故地责骂女仆。有时，他还会将其更广泛地转移到埋怨命运不公或者咒骂环境不好这些方面上。这些方式都能起到"安全阀门"的作用，而且并非神经症患者所特有的发泄不满和仇恨的方式。神经症患者是以痛苦作为媒介，采取间接或者不自觉的表现方式指责他人的，这是一种很特殊的方式。通过承受痛苦的方式，神经症患者把自己作为谴责的对象。因为丈夫经常很晚才回家，妻子生病了，和歇斯底里的大吵大闹相比，生病更有效地表现出她的嫉妒心理。在自己心目中，她还因为生病的方式使自己成为无辜的受害者，也因此得到了额外的好处。

承受痛苦如何有效表达对他人的谴责，取决于对提出谴责的各种抑制作用。如果这种恐惧并不是太过强烈，就可以以戏剧性的方式展示痛苦，与此同时，还可以进行一般性的公开谴责："看看吧，我都是因为你才这么痛苦的。"其实，这正是表达谴责的另一个条件，因为痛苦让谴责表现得更加正当且合理。这种方式与各种用以获得爱的方式是密切相关的，我们已经针对这些获得爱的方式进行了讨论。与此同时，谴责性的受苦也被用来作为一种敲诈的手段，帮助神经症患者乞求得到怜悯和某些恩惠，以此弥补他们受到的伤害。但是，做出谴责承受的抑制作用越大，

这种痛苦就越是隐匿。这种情况也许会发展到一种特定的程度，即神经症患者居然不想被人发现他正在受苦的事实。总之，我们在神经症患者展示和表现痛苦的诸多方式中发现了不同形式的变化。

因为存在来自各个方面的恐惧，神经症患者始终在谴责他人和自我谴责之间摇摆不定。由此产生的一个结果是，神经症患者一直被困于绝望的不确定性中，始终无法确定自己是否应该批评他人，是否应该自认为受到了亏待。他根据经验依稀意识到，他对他人的很多指责都是不正当的，或者是不符合实际的，而产生于他的各种非理性反应。正是因为有了这样的认识，他更难发现自己是否受到了虐待，从而使他无法在需要的时候坚定立场。

作为旁观者，很容易将这些表现归为尖锐的犯罪感的表现，虽然这不能表明旁观者就是神经症患者，但它却表明不管是旁观者还是神经症患者，他们的感受方式和思维方式都受到了文化的影响。文化的影响决定了我们对于犯罪感的态度，为了更好地理解这一点，我们必须考察各种文化的、历史的和哲学的问题，这不属于本书的讨论范畴。但是，哪怕彻底忽略这些问题，我们也还是有必要论述基督教思想对道德问题产生的深远影响。

针对犯罪感进行的讨论，我们可以概括如下：当神经症患者指责自己时，或者当神经症患者表现出某种犯罪感时，我们首先要追问的不是"他到底因为什么东西产生犯罪感？"而要追问"这种自我谴责的态度到底会产生怎样的功能和作用？"我们发

神经症患者在谴责自己和谴责他人间摇摆不定

现这种谴责的态度最重要的功能是：表现出神经症患者对反感的恐惧，防御恐惧，避免指责他人。

当弗洛伊德和支持他的很多精神分析医生倾向于认定犯罪感是一种终极的动因时，他们确实呈现出他们所处时代的思想。弗洛伊德承认犯罪感产生于恐惧，因为他认为是恐惧促使"超我"产生，而超我催生了犯罪感。但他倾向于认为只要建立了良心的要求和犯罪感，它们就会作为终极代理履行相关的职能。更深入地分析证实：我们哪怕已经接受了外在的道德标准，也学会了运用犯罪感对良心的压力进行反应，无论采取怎样间接且微妙的方式表现隐藏在这些犯罪感背后的动因，都难以改变其对后果的直接恐惧。如果认可犯罪感不是最终动力这个观点，那么就要对某些精神分析理论加以修正。这些理论假定犯罪感，尤其是那些隐隐约约的、被弗洛伊德企图归为无意识的犯罪感，在神经症的产生过程中起到了至关重要的作用。我接下来只会提到这些理论中最重要的三种观点，即"消极治疗反应"，也就是患者因为无意识的犯罪感而宁可选择继续生病的观点；超我作为一种内部建构而惩罚自我的观点；道德受虐倾向，也就是把自我施加的痛苦解释为出于自我惩罚的需要的观点。

第十六章

神经症受苦的意义
——受虐狂问题

对于神经症患者在内心冲突中拼命挣扎时蒙受巨大痛苦的事实，我们已经有所了解；此外，他倾向于把受苦作为一种手段，实现因为现实存在的某些困难而无法通过其他方式实现的目的。虽然在每一种个人情境中，我们都能发现患者使用痛苦作为手段的原因，以及痛苦手段想要实现的目的，但依然有很多问题是令人疑惑不解的，我们始终想不明白人们为何宁愿付出惨重的代价，也要使用受苦的手段。这就仿佛是慷慨地滥用痛苦，以及每时每刻都要避免积极地驾驭人生，都是产生于一种潜在的驱动力。从整体上概括，可以认为<u>这种驱动力是一种使自己变得软弱而非坚强、变得不幸而非幸福的倾向</u>。

因为这种倾向完全不符合人们关于人性的一般想法，所以它变成了一个不解之谜，而且成为精神病学和心理学领域中难以逾越的障碍。就本质而言，这是基本的受虐倾向问题。受虐最初只涉及性幻想和性变态。在这些变态的性行为中，必须通过被折磨、挨打、被强暴、被奴役、被凌辱等受苦的方式才能获得性满足。弗洛伊德发现，这些性变态和性幻想与某些普通的受苦倾向具有一定的相似性，换言之，与那些没有显而易见的性基础的受苦倾向有一定的相似性。可以把这些受苦倾向归入"道德性受虐倾向"的范畴。在性幻想和性变态中，受苦的目的是获得积极的满足，即渴望满足的愿望支配着所有的病态受苦，简而言之：神经症患者渴望受苦。性变态与所谓道德性受虐区别在于自觉与否。在性变态中，是有意识地、自觉地追求满足，满足本身也是有意识的、自觉的；在道德性受虐中，是无意识地、不自觉地追求满足，满足本身是无意识的、不自觉的。

采取受苦的方式获得满足，哪怕将其放在性变态领域中进行讨论，也是一个非常严重的问题。如果将其放在普通的受苦倾向中进行讨论，则更是令人百思不得其解。

对于这种受虐现象，很多人都试图进行解释，弗洛伊德关于死亡本能的假说无疑是最精彩的解释。简言之，这种假说认为，在人的心中存在两大生物性力量发挥作用，即生命本能和死亡本能。死亡本能的目的是自我毁灭，它一旦与力比多结合起来，就会导致受虐现象。

在这里，我要提出一个非常有趣的问题：能不能从心理学角度理解这种受苦倾向呢？因为这样一来，就无须求助于生物学上的假说了。

我必须首先对一种误解进行澄清，这种误解之所以产生，是因为很多人都把现实的痛苦与受苦倾向混淆起来了。我们毫无依据地得出结论，认为既然存在痛苦，就存在催生痛苦或者享受痛苦的倾向。我们不能学习多伊奇，用我们的文化中女人分娩必须承受痛苦这个事实作为依据，证明女人其实暗地里具有享受分娩痛苦的受虐倾向。虽然在某些特殊的病例中的确发生过类似的情况，但是这种观点是不成立的。其实，神经症患者的绝大多数痛苦与受苦的愿望毫无关系，而只是内心冲突的必然结果。就像一个人摔断了腿必然感到痛苦一样，这种痛苦的产生也是同样的道理。在这两种情况下，无论一个人是否愿意，都必然感受到痛苦，也必须承受痛苦，最重要的是，他从这种痛苦中得不到任何好处。内心冲突是实际存在，内心冲突导致的呈现于外的焦虑，是神经症中这种痛苦最为明显却并非唯一的特证。同样地，我们也可以从这个角度理解其他类型的病态痛苦，例如，因为意识到在潜在能力和现实成就之间存在的差距越来越大而感到痛苦，因为绝望地陷入某种困境而感到痛苦，因为对最不值一提的轻慢高度敏感而感到痛苦，因为患神经症妄自菲薄而感到痛苦。这些病态痛苦都极不明显，不易觉察，因此一旦假定神经症患者渴望受苦，人们就会彻底忽略它们。每当发生这种情形，我们总是情不自禁地想要知道：有些精神病医生，以及外行人，到底在多大程度上和神经症患者藐视自己的疾病一样藐视神经症。

把那些并非产生于受苦倾向的病态痛苦排除在外之后，我们接下来要对那些的确产生于受苦倾向的，并且因而该被划为受虐驱力范围的病态痛苦进行讨论。在这些病态痛苦中，人们仅通过表面现象就形成了如下印象：和有现实根据和现实理由的痛苦相比，神经症患者承受的痛苦是更大的。更为细致地说，神经症患者给人留下了一种印象，即他的身上好像有某种东西想要贪婪地抓住所有受苦的机会；好像他具有某种特殊的能力，能够把幸运的环境转变为痛苦的环境；好像他一点儿都不愿意放弃痛苦。但是，在很大程度上，应该以病态痛苦对神经症患者发挥的功能和作用来对造成这种印象的行为做出解释。

对神经症患者而言，受苦具有直接防御的重要价值，它的确可以作为唯一的方式，帮助他保护自己，从而避免迫在眉睫的危险。如同通过自我谴责，他可以成功地避免被人谴责和谴责他人；通过无知或者生病的表现方式，他的确能够得到他人的原谅；通过贬低自我，他的确能够避免参与竞争一样。神经症患者常常把自己不得不承受的痛苦也作为一种防御手段使用，帮助自己获得想要的东西。这种手段能够帮助他有效地实现要求，也能够使这些要求以正当理由为基础得以提出。每当想到自己对于人生所有的各种愿望，他就会处于进退两难的困境中。他的这些愿望已经成为或者即将成为无条件的愿望或者是强迫性的愿望。一则是因为它们受到焦虑的推动和促进，二则是因为一切对他人的现实考虑和体谅都不会限制它们。但是，从另一个角度来看，因为缺乏自发的自我肯定，或者说因为他有一种绝望无助的基本感觉，所以他极大地损害了肯定和实现自身要求的能力。这种进退两难的境遇之所以产生这样的结果，是因为他始终期望得到他人的照顾。

他给人的感觉是：他的所作所为背后仿佛隐藏着这样的信念，即他的生活应该由他人负责；如果事情不如人意，那么他人必须受到谴责。这种信念与他坚信无人能给他帮助的信念似乎是相互矛盾的，其结果是他认为自己必须强迫他人才能满足自己的愿望。在这里，他以受苦作为得力助手。他以痛苦和绝望无助作为最有效的手段，获得他人的爱、帮助，也以这样的方式控制他人。同时，他还能以这样的方式避免他人对他提出任何要求。

受苦的最后一项作用是，以一种伪装却更有效的方式谴责他人。我们在上一章中已经对此进行了深入论述。

在意识到病态痛苦居然具有这么多功能之后，我们就揭开了这个问题的神秘面纱，然而，我们依然没有彻底解决问题。受苦在策略上是具有价值的，有一种因素对神经症患者渴望受苦的观点也起到了支持作用，即与为了实现策略目的应该承受的痛苦相比，神经症患者承受的痛苦是更大的。神经症患者会故意夸张痛苦，沉浸在不幸、无能和没有价值的感觉中无法自拔，我们哪怕明知道他夸大了自己的各种情绪，也对这些情绪的表面价值表示怀疑，但我们依然惊讶于以下事实：他因为内心冲突引发的失望坠入了不幸的无底深渊，导致这种痛苦与情境对他的意义极不匹配。当他取得了不值一提的小小成绩时，他就如同戏剧表演大师一样把失败夸张成一种无法面对和承受的耻辱。当他只是无法得到自我肯定时，他就使自尊心破碎一地，更使自己如同泄了气的气球一样。在精神分析的过程中，当他必须面对不那么令人愉快的前景，必须解决某个刚刚出现的新问题时，他会因此而彻底陷入绝望之中。所以，对于他如此心甘情愿地增强痛苦的行为，从而使得痛苦超过出于策略目的的需要，我们必须加以认真考察。

他并不能从这种痛苦中获得显而易见的利益，并不能以承受痛苦的方式打动任何观众，更不能以备受痛苦煎熬的现状赢得任何同情，还不能通过在他人身上实现自己的愿望而在精神上获得一种隐秘的胜利。虽然这样，神经症患者依然能够得到一种收获。在竞争中承受挫折，在恋爱中惨遭抛弃，必须承认自己有某些缺陷或者弱点，对于充分意识到自己是独一无二的生命个体的人而言，所有这一切都是无法忍受的。从这个意义上来说，当在自己的心中把自己降低为零，成功与失败、优越与低劣也就变得毫无意义。通过夸大自己的痛苦，通过使自己沉浸在不幸之中，或者沉浸于无足轻重的基本感觉中，这种体验无疑是令人恼怒的，在某种程度上，它失去了现实性。这使得这种特殊的痛苦产生的强烈刺激被麻醉和催眠了。在这个过程中，一种辩证的原理

正在发挥作用，它包含着一种哲学真理，为我们揭示了量在某个关节点上能够转化为质的真相。具体而言，它表明虽然受苦令人感到痛苦，但是使自己完全沉浸于极度的痛苦中，却能够起到类似于鸦片镇痛的作用。

　　对于这个过程，一本丹麦小说进行了精彩绝伦的描述。两年前，一位作家的爱妻惨遭奸杀，作家为此承受着巨大的痛苦，他始终想要消除这种痛苦，却一直依稀记得这起惨剧。为了回避痛苦，他始终埋头工作，昼夜不息地写完了一本书。从完成这本书的那一天开始，故事拉开了帷幕。这意味着，他将必须正视自己的痛苦，在那个心理瞬间，他有了改变。我们看见他不知不觉地跟随着脚步去了墓地。他沉浸在令人恐惧的幻想和想象中。在想象中，他看到死者的尸体被蛆虫咬噬，他看到很多鲜活的人被埋葬于地下。他身心疲惫地回到家里，却无法摆脱痛苦的折磨。他无法控制自己不去回忆发生的一切。如果那天晚上他能陪着妻子一起去拜访朋友，如果她打电话让他接她回家，如果她选择留在朋友家里过夜，如果他外出散步恰巧在车站接到她，那么也许就不会发生奸杀案。他一边想象具体到每一个细节是怎样发生的，一边沉浸在无法忍受的痛苦中，最后彻底失去知觉。故事发展到现在，针对我们要讨论的问题来说，这个故事反而具有了趣味性。当他不再折磨自己，而渐渐地恢复如常，他依然要面对复仇问题，最终，他做到了真实地正视痛苦。故事的这个情节，和某些地方丧葬的风俗不谋而合。这些风俗尖锐地强化痛苦，给人创造悲痛的氛围，使人彻底沉溺在痛苦中，最终却能起到缓和减轻痛苦的作用。

当意识到故意夸大的痛苦能够产生麻醉作用,我们就得到了更深入的帮助,也能够揭示出受虐倾向中应该为人理解的动机。然而,问题依然存在,即这种痛苦为何能够使人感到满足,显而易见,不但性变态和性幻想的受虐倾向中存在这种满足,神经症患者普通的受苦倾向中也存在这种满足。

为了更清楚地理解受虐倾向,我们必须首先发现所有受虐倾向都具有的共同要素,更确切地说,我们必须首先发现隐藏在这些倾向背后的人生基本态度。当从这个角度出发对这些倾向进行考察时,我们就会发现这个普遍存在的共同特性是一种内在的软弱感。这种软弱感具体表现为对待自我、他人和命运的总体态度。一言以蔽之,我们可以认为它是一种非常深刻的虚无感或者无意义感。这种感觉就像芦苇一样总是随风摇摆,只要被他人握在手掌心里,就只能任人摆布,唯命是从。这种感觉具体表现为两种极端,一个极端是过度顺从的倾向,另一个极端是为了自卫而过度强调支配他人,以及坚决拒绝退让的态度。前者意味着对爱的过度需要,后者意味着对遭人反感的极度恐惧。这种虚无感或者无意义感是一种因为不能掌控自己的生活,而必须让他人对自己的生活负责和做出决定的感觉,是一种被动地接受来自外界的善和恶,彻底把自己交给命运去安排和摆布的感觉。这种感觉积极的表现为盼望着奇迹发生,消极的表现为预感到灾难即将降临,而自己却只能被动地等待,无所作为。这是一种在他人不提供刺激、目标和手段的情况下就无法生存,无法工作,无法享受任何事物的人生感觉，是一种把自己当作奴隶任人宰割的感觉。对于这种内在的软弱感，我们应该如何理解呢？归根结底，这难道不是缺乏生命活力的一种表现吗？在某些特殊情况下也许的确如此，但是从整体上而言，和正常人生命力的差异相比，神经症患者生命力的差异并不更大。那么，这是产生于基本焦虑的单纯后果之一吗？没错，焦虑和这样的感觉有着某种关系，但如果只有焦虑在其中发挥作用，那么很有可能会产生完全相反的影响，即迫使一个人必须想方设法获取更多力量，才能保证自己的安全。

这种内在的软弱感并非真实存在的，而只是一种软弱倾向的结果，所以才会的确使自己显得很软弱，也给人留下软弱的印象。通过前文讨论的那些特征，我们能够发现这个事实：在自己的感觉中，神经症患者以无意识的状态夸张了自己的软弱，他们非常固执地坚持认为自己软弱，也表现得就像自己真正软弱那样。

我们不但可以通过逻辑推论发现这种软弱倾向，而且能在工作中发现这种软弱倾向。患者常常想象性地抓住所有可能的机会，使自己相信自己身患某种器质性疾病。有一名患者不管遇到什么困难，都主动提出想要患肺结核，因为这样就能去疗养院中躺着，接受他人无微不至的看护和照料。不管别人提出什么要求，他的第一个反应都是屈服；随后，他会走向另一个极端，即不管怎样都坚决拒绝屈服。在精神分析的过程中，患者的自我谴责通常产生于他把一种预估的批评作为自己的主张，这就表明了他会对他人的一切判断都表示预先屈服。不加分辨地接受权威的意见，强烈依赖于他人，面对任何困难都以"我不能"的态度逃避，而从来不把困难作为一种挑战去征服。这些态度全都证明了他的确存在这种软弱倾向。

一般情况下，这些软弱倾向中存在的痛苦无法产生能够意识到的满足。与此相反，无论有怎样的目的，在神经症患者对于痛苦的总体意识中，它们的确构成了重要组成部分。虽然这样，这些倾向的目的依然是获得满足，哪怕它们并不能真正获得满足，或者至少从表面看上去无法实现满足的目的。在极其偶然的情况下，我们能够观察到这个目的，有时候，甚至已经显而易见地实现了获得满足的目的。一名患者去农村拜访一些朋友，当她来到农村时，先是没有人去车站迎接她的到来，后来，她发现有些朋友没在家，为此，她感到特别失望。她说，截至目前，这是纯粹痛苦的感觉，但是紧随其后，她就陷入了一种特别孤独和绝望的感觉之中。不久后，她意识到这种感觉与促使它产生的诱发因素是极其不相称的，也极大程度上超过了她受到的刺激。如此这般沉浸于不幸的感觉中，她不但减轻了痛苦，甚至感到非常愉快。在具有受虐性质的性幻想和性变态中，例如在被毒打、被强奸、被侮辱、被奴役的幻想中，以及在真正实施这些虐待的过程中，满足的实现更为常见，也更加明显。其实，它们只是同一种软弱倾向的不同表现而已。

通过沉浸于痛苦的方式获得满足，体现了一个共同原则，即通过彻底把自己融入某种更巨大的东西之中，通过消融自己的个体性，通过放弃自我，通过放弃自己拥有的所有冲突、怀疑、痛苦、孤独和局限，获得最后的满足。这就是尼采的从"个体性原则"中获得解放,也被尼采称为"酒神精神"。他把这种倾向视为与以努力实现掌控和塑造人生为目的的"日神精神"完全相反的人类基本追求之一。在谈论酒神倾向时,露丝·本尼迪克特把它与人们为了获得狂欢体验的努力相关联,指出这种倾向在各种文化中存在范围多么广泛,表现的形式又是多么繁杂多样。

"酒神精神"这个术语产生于古希腊的酒神崇拜仪式。色雷西安斯崇拜仪式比古希腊的酒神崇拜仪式更早产生,它们的目的都是给予各种感觉以强烈刺激,直到产生幻觉。必须有统一的韵律、节奏鲜明的音乐、夜幕之下疯狂的舞蹈、烂醉如泥、放纵性欲等条件,而且这些条件都要致力于达到一种狂欢和销魂的无我或者忘我状态,才能达到这种令人意乱神迷的状态。对于这种原则的遵守,全世界都有相关的风俗和仪式,对于集体而言,这是节日里的纵情欢乐和宗教的纵情狂欢,对于个人而言,则会通过吸毒和服药的方式达到销魂的目的。为了实现酒神狂欢,痛苦也起到了相应的作用。在平原印第安人的某些部落中,必须以禁食、割身体上的肉、以痛苦的姿势捆绑人等方式才能获得幻觉。在平原印第安人中,太阳舞是最重要的仪式,因为他们认为折磨肉体是刺激销魂体验最为寻常的方式。在中世纪,鞭笞教徒通过鞭打自己的方式,激发自己销魂的快感。在新墨西哥州,赎罪教徒不但使用鞭打的方式获得销魂的快感,也用负载重物的方式获得销魂的快感。

在我们的文化中,虽然与"酒神精神"相关的文化表现并非定型的经验,但是对于我们而言,它们不是全然陌生的。在特定的程度上，所有人都曾经通过"放弃自我"的方式获得满足。在身心经由紧张状态进入睡眠、麻醉的过程中，我们都能感受到这种满足。酗酒，同样能够产生相同的效果。在摄入酒精的过程中，解除抑制作用是一种非常重要的因素，缓解焦虑和减轻痛苦同样是非常重要的因素。然而，最终满足的目的依然是获得狂欢和放纵自己。但是，对于通过使自己消融于一种宏大的感觉中就能获得满足这件事情，很多人是毫不知情的。其实，不管这种宏大的感觉是爱，是音乐，是自然，是对工作的热情，还是对性的纵情，消融其中都能获得同样的满足。那么，对于这种追求具有的显而易见的普遍性，我们如何进行说明和解释呢？

虽然人们可以从生活中获得各种不同的欢乐，但生活也充满无法回避的各种悲剧，哪怕没有特殊的痛苦存在，生活中也有生、老、病、死等事实存在。总体而言，个体的生命是孤独的，也是有限的，这是人类生命固有的本性。对于每个人而言，理解是有限的，所获得的成就和所得到的享受是有限的，因为人原本就是宇宙间独一无二的实体，他注定要与自己的同胞、与大自然分离，所以他必然是孤独的。其实，正是为了克服个体的有限和孤独，人们才会产生寻欢作乐、纵情狂欢的文化倾向。在《奥义书》中，我们将会发现对这种追求的优美且富有深刻内涵的表达，可以在汇入百川、融入大海的自然画面中发现对这种追求的表达。**通过把自我消融于某种更宏大的感觉之中，通过使自己变成一个更加巨大的实体的组成部分，在一定程度上，个人就突破了生而为人的有限性。**正如《奥义书》的描述那样："接着消失于虚无，我们才能汇入宇宙循环往复的无限创造之中。"这是宗教提供给人类的最大满足和最大安慰。通过放弃自我，人们就能做到与自然合二为一，也就能做到与上帝同在。忠诚于一项特别伟大的事业，使自己从属于一项伟大的事业，我们会觉得自己与一个更大的整体融为一体了，因而也能获得这样的满足。

在我们的文化中，对于一种完全相反的对待自我的态度，同时也是一种高度强调和评价个人独特性和唯一性的态度，我们是非常熟悉的。在我们的文化中，人明显地觉察到自我是一个独立的个体，它与外部世界是有所区别的，甚至是独立于外部世界的。他不但坚持这种个体性，而且从中得到了极大满足；他在发展自身特殊潜能的过程中，在通过征服实现主宰自己和掌握世界的目的的过程中，在把自己塑造成生产性的人和投入创造性工作的过程中，发现了自己的幸福。针对这种个性发展的理想，歌德曾经说过，"发展个性就是人最大的幸福。"

但是，我们前文讨论的那种与此对立的倾向，那种突破个体性的桎梏，那种消除个体有限性和孤独感的倾向，作为人类的心态同样是根深蒂固的，而且包含着潜在满足。这两种倾向都不是病态的，不管是牺牲或者放弃个性，还是保持或者发展个性，都是以解决人类问题为最终目的的合理目标。

所有神经症都以最直接的方式表现出这种消灭和放弃自我的倾向。它具体表现为幻想离家出走，成为弃儿或者失去归宿，还可能扮演书中的某个角色。它也可以和一位患者的描述那样，具体表现为感觉到自己被遗弃于无边的黑暗中和无边的波涛中，并且最终彻底融入黑夜和波涛。渴望被人催眠的愿望存在着这种倾向，神秘主义的倾向存在着这种倾向，非现实的感觉中存在着这种倾向，对睡眠的过度需求中存在着这种倾向，对生病、疯狂甚至死亡的渴望中存在着这种倾向。就像我前文所说的，在各种各样的受虐幻想中，共同的因素是一种任人摆布和被人主宰的感觉，是一种丧失了所有意志和所有力量的感觉，是一种彻底屈服于他人的支配和统治的感觉。每一种表现方式都取决于其特定的方式，并且具有自身独特的内涵。例如，被奴役的感觉也许只是成为他人牺牲品这种一般倾向的组成部分之一，并且因此作为一种防御手段用以避免奴役他人，与此同时，又表现出对他人不愿意被自己支配的谴责。但是，被奴役的感觉除了具有表现自卫和表现敌意的价值之外，还暗含着一种放弃自我的积极价值。

不管神经症患者是屈服于命运还是屈服于他人，不管他是否心甘情愿地承受痛苦，他追求的无外乎削弱或者消除个人的自我。唯有如此，他才不再是积极的行动者，而是变成失去个人意志的客体。

当采取这样的方式把受虐倾向整合到一种放弃自我的总体倾向中，它通过软弱和痛苦获得满足，实现自己的追求，就不再令人奇怪了。因为，它已被放置于一个大家所熟悉的参考体系中。神经症患者的受虐倾向是非常顽固的，有一个事实可以作为证明，即这种受虐倾向同时能够作为一种对抗焦虑，并且提供现实的或者潜在的满足的手段。我们发现除非是在性幻想和性变态中，否则这种满足很难成为现实的满足，哪怕在软弱和消极的总体倾向中对它的追求是非常重要的因素之一。这样引发了最后一问：神经症患者为什么很难获得解脱和放弃，很难获得他想要的满足呢？

神经症患者对个人独特性的过分强调将会阻止和抵抗这种受虐倾向，这是使神经症患者不能获得这种满足的重要原因之一。绝大多数受虐现象都有着和神经症相同的症状，各种互不相容的追求达成的一种妥协体现了它们的特性。神经症患者总是倾向于对他人的意志表示屈从，同时，他又坚信世界必须适应自己。他倾向于感觉到自己被奴役，同时，他又坚信自己理所当然地拥有支配他人的权力。他希望自己绝望无助，得到他人的关心和照顾，同时既坚持完全自足，又坚持认为自己可以做到所有的事情。他倾向于认为自己不值一提、可有可无，但是一旦发现别人没有把他看作天才，他就会怒气冲天。显而易见，绝对没有一种解决方案是完全令人满意的，也绝对没有一种解决方案能够成功地调和这些对立的极端，尤其是在两种追求都异常强烈的情况下。

这种驱动力使人寻求自我湮没，相比起正常人，神经症患者更加无法抗拒这种驱动力，因为神经症患者既要努力摆脱人类广泛存在的孤独、恐惧和局限，也要努力摆脱自己被束缚于一种无法解决的冲突中的感觉，以及因此而产生的痛苦。同时，他们那种与追求权力和自我扩张为目的的驱动力，也是无法阻挡的，而且比正常人更加强烈。毫无疑问，他试图做到自己根本无法做到的事情，与此同时，他又企图实现既无所不是，又一无所是的目的。例如，他也许以一种怯懦软弱的依赖状态而生存，同时，他又想凭借自己的怯懦软弱对他人下达命令。对于这种妥协和调和，他也许会误认为是自己能屈能伸的表现，其实，很多心理学家也会倾向于把这两种情形混淆起来，或者假定屈服退让是一种受虐态度。现实的情况与此相反，有受虐倾向的人绝对不会使自己对任何人表现出屈从，也不会让自己沉浸于任何事情。例如，他不会在一项事业中投入自己所有的时间和精力，也不会在恋爱中把自己全部交给对方。他可以让自己屈服于痛苦，也可以让自己沉浸于痛苦，但他完全是以消极被动的方式对待这种屈服和沉浸。他只是把让自己痛苦的感觉、兴趣或者他人作为一种手段，帮助自己达到失去自我的目的。在他的自我和他人之间没有积极的相互作用，他只是以自我为中心而专注投入地实现自己的目的。

　　神经症患者追求的满足为何难以实现，我所描述的病态人格结构中始终存在的破坏性因素是另一个重要原因。文化的"酒神精神"中并不包含这些破坏性因素，也没有任何因素具有病态的破坏性，既不能破坏人格的结构，也不能破坏人格中获得成就和幸福的潜能构成。我们不妨把希腊人的酒神崇拜拿来与神经症患者的疯狂幻想进行比较。前者致力于追求一种转瞬即逝的销魂体验，目的在于增加人生的乐趣；后者却致力于追求湮没和抛弃自我，既非为了获得重生而暂时投入，也并非以让生活变得更加充实有趣、内容丰富为目的。它的目的是彻底毁灭痛苦的自我，而从不把自我存在的价值纳入考虑范围。这样一来，人格中没有受到伤害的部分就会理所当然地对此做出恐惧反应。其实，部分人格胁迫整个人格对这种也许会发生的灾难做出的恐惧反应，通常是影响意识的过程中仅有的因素。对此，神经症患者所了解的，是他产生了一种担心陷入疯狂之中的恐惧。只有对这个过程进行分解，使整个过程被分解为它的组成部分，即<u>一种反应性的恐惧和一种自我泯灭的驱动力</u>，人们才会认可神经症患者所追求的满足。遗憾的是，神经症患者对于获得这种满足产生了恐惧，恐惧又反过来阻止他获得这样的满足。

在我们的文化中，有一种独特的因素对这种与自我湮没倾向紧密关联的焦虑产生了强化作用。在西方文明中，在排除病态因素的前提下，即使有这些倾向能在其中获得满足的文化模式，也是非常罕见的。尽管宗教提供了这样的可能，但是宗教不但丧失了自身的力量，而且必须服从于大多数。其实，不仅没有任何有效的文化手段能够获得这种满足，而且这种满足的形成和发展都将受到严重打击，而且要承受很多挫折。在个人主义的文化中，社会期望每个生命个体都能做到自信自重，自珍自爱，自强自立。在有必要的情况下，生命个体必须独自闯出一条生路。在我们的文化中，如果一个人对泯灭自我的倾向表示屈从，就很有可能因此被整个社会唾弃。

当发现这种恐惧常常把神经症患者与他们追求的特殊满足分隔开来，我们就很容易理解对于神经症患者而言，受虐幻想和受虐变态具有怎样的价值。如果神经症患者这种自我泯灭的倾向发生于性行为中或者发生于幻想中，他也许就能逃避彻底自我泯灭的危险。正如酒神崇拜，这些受虐方式也能够为神经症患者提供暂时的忘却和解脱，此外，相对而言，这些受虐方式只会对神经症患者产生较小的伤害自己的危险。这些受虐倾向总是渗透进入整个人格结构中，但是在有些情况下，它们也集中发生于性行为中。相比之下，人格的其他部分则并不会受到受虐倾向的制约。有些人对待自己的工作非常积极，努力拼搏，力争进取，并且的确做出了成就。但他们却时而被迫沉溺于受虐变态中。例如，有些神经症患者把自己打扮得像女人，或者像一个顽劣的男孩一样调皮捣蛋，给自己招来一顿痛打。除此之外，神经症患者无法找到一种满意的解决方式帮助自己摆脱困境，消除恐惧心理，这使得恐惧心理将会渗透进他的受虐倾向中。如果这些倾向具有显而易见的性欲色彩，他就会彻底疏远和压抑自己的性欲。虽然他存在着与性关系密切相关的受虐幻想，而且这种受虐幻想很强烈，但是他会非常反感异性，或者至少呈现出严格的性禁忌。

弗洛伊德提出，从本质上来看，受虐倾向属于性现象。为了对它们进行解释和说明，他特意制定了一系列理论。从根源上，他觉得受虐倾向从侧面体现出性欲发展过程中的一个取决于生物

性的确定阶段，即肛门欲阶段。此后，他又补充了一种假说，提出受虐倾向与女性气质天生就有血缘关系，并且在其背后隐匿着某种成为女人的渴望。最终，他的假定和前文我们所讨论的一样，认为受虐倾向是性欲驱力与自我毁灭倾向结合的产物，其作用就是避免自我毁灭倾向伤害个人。

  我的观点与此恰恰相反。在本质上，受虐倾向并不属于性欲现象，从生物性的角度来看，受虐倾向并非取决于生物性决定的过程，而是产生于人格中的冲突。它的目的不是受苦，和所有正常人一样，神经症患者也不想受苦。从功能的角度来说，神经症患者的痛苦不是来源个人想要获得的东西，而是他必须付出的代价。神经症患者追求的满足是一种自我泯灭，而非痛苦本身。

第十七章

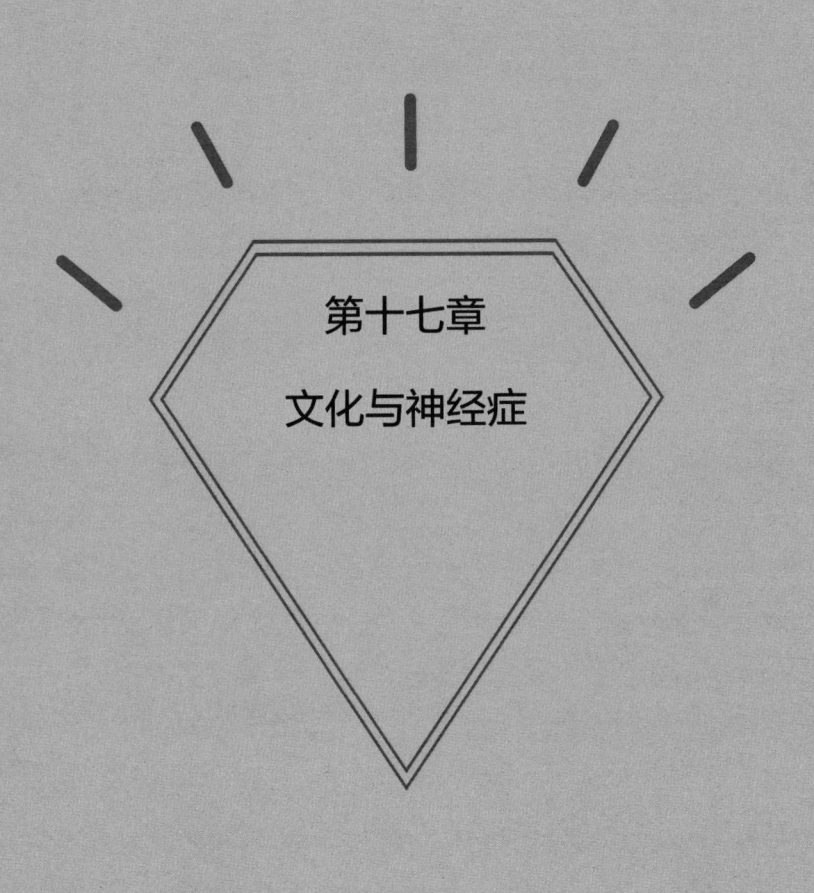

文化与神经症

在对每个人进行分析的过程中，哪怕是经验最丰富的精神分析医生，也会面临很多新问题。在面对每一个患者时，他都会发现自己正面对着前所未有的困难，正面对着各种无法辨认、更无法合理解释的态度，以及乍看起来迷离恍惚、错综复杂的反应。对我们本书前半部分的章节进行回顾，我们会发现前文已经针对神经症性格结构中的复杂性进行了描述，对神经症性格结构中的各种复杂因素进行回顾，我们也就不难理解其多样性了。遗传赋予每一个生命个体各种差异，在漫长的一生中，每个生命个体都有不同的经历和体验，这些经历和体验都是有所差异的。尤其是童年时期经验方面的差异，直接决定了这些因素的构造和组合呈现出特别丰富的多样性。

但是，就像我们最初指出的，虽然所有的个人差异都是切实存在的，但是一种神经症赖以形成的起到决定性作用的内心冲突，其实一直都是相同的。从整体上而言，在我们的文化中，哪怕是正常人也同样需要面临那些冲突。众所周知，我们无法在正常人和神经症患者之间划出一条明确的界限，这个问题尽管是旧话重提，但是再次重复一遍依然有益无害。很多读者面对自身经验中的各种态度和冲突，也许会扪心自问：我是神经症患者吗？最有效的判断标准如下所述：个人是否认为这些冲突已经桎梏和阻碍了自己，个人能否勇敢地直面这些冲突，并且正面地解决这些冲突。

在我们的文化中，很多神经症患者都正在遭遇相同的内心冲突。当意识到这一点，我们就会发现正常人也在很小的程度上面临着同样的内心冲突，这使得我们必须再次面对我们最初提出的那个问题：在我们文化中，怎样的条件促使神经症恰好以这些特殊的冲突为核心形成，而非以其他冲突为核心形成。

对于这个问题，弗洛伊德理论进行了有限的思考。他的生物学倾向使得他缺乏社会学倾向，所以他常常把社会现象归入心理因素的范畴，而把心理因素归入生物性因素的范畴，这是符合力比多理论的。这种倾向使很多精神分析专家相信：死亡本能导致了战争发生；现有的经济制度最初产生于肛门欲驱力；2000年之前机器时代没有问世，原因就隐藏在那个时代的自恋倾向中。

弗洛伊德认为文化是生物力比多的产物，而非复杂的社会过程的产物。压抑或者升华这些生物力比多，将会导致以此为基础

建立各种不同的反应形式。越是彻底压抑这些生物驱力，文化越是会发展到更高的程度。升华的能力是有限的，如果不能升华被强烈压制的原始驱力就会导致神经症，所以文明的成长必然代表着神经症的产生。神经症是人类为了文化的发展所必须付出的代价。

相信存在着决定于生物性的人性，是隐藏在这个思维线索下的理论前提。更准确地说，相信口唇、肛门、生殖器和攻击力比多广泛存在于所有人类身上，是隐藏在这个思维线索下的理论前提。个人与个人之间、文化与文化之间存在性格形成的差异，是因为压抑需要的不同程度，以及压抑以不同程度施加于不同种类的驱动力的额外限制。

历史学和人类学有一个共同的发现，即在迄今为止未经证实的文化高度发展和力比多、攻击驱动力、压抑强度之间是直接关联的。之所以会犯这样的错误，主要是因为它假设了一种量的关系，而非假设了一种质的关系。压抑的程度和文化发展的程度之间并不存在这种关系，个人冲突的性质和文化困境的性质之间才存在这种关系。我们必须重视量的因素，但它必须处于整体结构的框架中和范围内，才能被正确地估价。

在我们的文化中，有某些始终存在的具有代表性的困境。作为各种内心冲突，这些困境得以呈现在每个人的生活中，随着时间不断地积累，也许就会形成神经症。我不是社会学家，所以只能以简要的方式指明那些导致神经症问题和文化问题的重要倾向。

在经济领域，现代文化是以个人竞争的原则为基础得以建立的。独立的个人必须与同一群体中的其他个人展开竞争，必须超过他们,还要持续地排挤他们。一个人的利益通常意味着另一个人的损失。这种情境在心理上直接增强了人与人之间潜在的敌意。每一个人都是另一个人潜在的或者现实的竞争对手。在同一个职业群体的成员中,这种情况尤其明显,虽然这些成员全都努力地追求公平,追求合理,并且竭尽所能地用君子风度掩饰激烈的竞争。但我们不得不强调的是,这种竞争,以及与这种竞争相伴而生的潜在敌意,已经渗透进所有的人类关系中了。在不同的社会关系中,竞争已经成为占据压倒优势的重要因素,它渗透到女人与女人的关系中,也渗透到男人与男人的关系中。无论竞争的焦点是才华、风度、气质、魅力,还是其他形式的社会价值,它都严重破坏了一切可能建立的美好友谊。同样地,正如已经得到证明的那样,它对男人与女人之间的关系也产生了阻碍作用,这一点不但体现在选择伴侣方面,而且体现在与伴侣争夺更高地位的斗争中。除此之外,它也已经渗透进学校生活,更为重要的是,它还渗透进家庭生活中。正因如此,所有儿童在最初就感染了这种"病毒"。父亲与儿子展开竞争,妈妈与女儿展开竞争,孩子之间也展开竞争,这是人类因为受到文化制约的刺激而做出的反应,而非广泛存在的人类现象。弗洛伊德的一项重要成就,即发现了家庭成员之间的竞争起到的作用,这一点,可以从他对俄狄浦斯情结的定义中和其他假说中得到验证。不得不补充说明的是,这种竞争并非取决于生物性,而是取决于特定的文化条件。此外,家庭环境并非唯一能够激发这种竞争的环境。在漫长的人生中,从生到死,从襁褓到坟墓,竞争性刺激始终以活跃

的状态积极地发挥作用。

人与人之间存在潜在的敌对性紧张，这种敌对性紧张将会直接导致恐惧产生，这种恐惧因为他人潜在的敌意而产生，又因为担心自己的敌意招致他人的报复而得以增强。正常人之所以感到恐惧，害怕遭遇失败是另一个重要原因。对失败的恐惧是真实存在的恐惧，因为通常情况下，和成功的可能性相比，失败的可能性始终更大。此外，在充满竞争的社会生活中，失败代表着所有需要都将遭到真实存在的挫折。失败不但表明经济上面临危险，而且表明有可能失去名声和地位，还表明将会在情绪上承受各种挫折和打击。

成功之所以让所有人向往，还有一个原因，即它会影响我们的自尊心。不仅他人会以我们取得的成功作为依据对我们进行评价，我们自己也会和他人一样采取这种模式对自己进行评价。以现存的意识形态作为依据，我们自身内在的素质决定了我们能否获得成功，如果用宗教的语言进行表达，成功恰恰证明了上帝真的赐福给我们了。其实，决定成功的很多因素都是不受我们控制和支配的，例如好运爆棚的环境、无所畏惧的冒险举动等。虽然这样，因为承受着来自现有意识形态的压力，哪怕作为最正常的人也必然感觉到，如果自己能够成功，那么自己就有一定的价值；如果自己遭遇失败，那么自己就毫无价值。无须多言，这充分反映出我们建立自尊心的基础风雨飘摇、岌岌可危。

竞争、恐惧、人与人之间潜在的敌意、岌岌可危的自尊心，所有因素一起作用，使个人在心理上产生了孤独感。即使密切地接触他人，与他人建立往来关系，即使婚姻非常幸福、美满，从情感的角度来说，个体依然特别孤独。如果这种孤独感恰好符合他缺乏自信心的忐忑不安与极度恐惧，那么必然导致灾难发生。

在我们时代的正常人身上，这种情形催生了用爱的形式进行补偿的强烈需要。获得爱，人才不会感到特别孤独，也能避免极度缺乏自信，从而使自己在极小程度上被敌意威胁。因为爱是符合某种生命需要的，所以在我们的文化中，爱得到了反复强调和很高的评价。爱和成功一样似乎也是一种幻象，人们常常因为爱而形成错觉，似乎它是所有问题的终极答案。但从本质上来说，爱并不是一种幻象，虽然在我们的文化中，人们常常用它来满足各种与爱毫无关系的愿望，但因为我们总是对它怀有过高的期望，这种期望比它有可能满足和实现的更高，所以爱变成了一种幻象。我们的意识形态过于强调爱，这就对产生过度夸张的爱所需要的各种因素起到了掩饰作用。从这个意义上来说，包括正常人在内的所有生命个体虽然始终需要大量的爱，但他们又发现自己很难得到爱。正因如此，他们陷入了一种进退两难的困境之中。

截至目前，神经症的形成和发展正是以这种情境作为温床的。同样的，对正常人产生影响的文化因素也在很大程度上影响着神经症患者。而且在神经症患者身上，相同的后果会变得更加严重。在正常人身上，这些后果具体表现为风雨飘摇的自尊心、潜在的敌对性紧张、过于紧张担忧、包含敌意和恐惧的竞争心、更加强烈地渴望建立美满和谐的人际关系；在神经症患者身上，这些后果具体表现为自尊心破碎一地、破坏性增强、紧张焦虑、竞争心理包含的焦虑和破坏性冲动日益强烈和对爱的病态需要。

在正常人身上	在神经症患者身上
风雨飘摇的自尊心	破碎的自尊心
潜在的敌对性紧张	破坏性增强
紧张担忧	紧张焦虑
包含敌意和恐惧的竞争心	焦虑和破坏性冲动日益增强的竞争心
强烈渴望美满和谐的人际关系	日益强烈的对爱的病态需要

如果我们能够清楚地记得每一种类型的神经症中都存在着神经症患者不能调和的矛盾倾向，我们就会感到疑惑：在我们的文化中，难道没有同样的矛盾？具有代表性的神经症冲突正是以由这些矛盾构成的社会文化为基础的。社会学家肩负着艰巨的任务——研究和描述这些文化矛盾，对我而言，只需要简明扼要地勾画出某些重要的矛盾倾向就算完成了任务。

第一个矛盾是**以竞争和成功为一方，以谦卑和友爱为另一**

方的，也就是这两者之间的矛盾。一方面，正是在所有事物的鞭策下，我们才会坚持走向成功，这表明我们必须充满信心，也必须特别凶狠，这样才能推倒他人，大步流星地勇往直前。另一方面，基督教理想已经渗透进我们的内心世界，告诉我们不要自私自利，不要只为自己谋划，而应该保持谦卑、宽容忍耐和屈服的态度。对于这个矛盾，在正常范围内，只有两种解决方案可供参考：一是慎重对待其中一种追求和努力，而彻底放弃另一种；二是接受这两种信念，在两个方向上同时产生严重的抑制倾向。

第二个矛盾是我们的不同需要受到的刺激和我们在满足需要的过程中实际遭受的挫折之间的矛盾。在我们的文化中，因为经济的快速发展，诸如"高消费""跑赢他人"等广告和宣传持续地刺激着我们的需要。但对于绝大部分人而言，实现和满足这些需要会受到各种限制；对个人而言，欲望以及实现欲望的差距和脱节正是由此产生的心理后果。

第三个矛盾是个人自由和个人实际受到的所有局限之间产生的矛盾。社会告诉个人，他是独立自由的，完全能够按照自己的意志自由地决定自己过怎样的生活，"生活的竞技场"向他敞开了大门，只要他有聪明才智，也有充沛的精力，就能得到自己想要的一切。其实，对于绝大部分人而言，全部可能性都会被现实生活中的各种因素限制和制约。人们常说"每个人都不能选择父母"，这句话同样适用于整个生活领域。例如，我们无法选择一项职业做出成就，无法选择一种方式进行娱乐，甚至无法选择一个伴侣。对个人而言，必然会因此而内心动荡不安，一则认为自己在主宰和驾驭命运方面拥有无穷无尽的力量，二则认为自己是完全绝望无助、怯懦软弱的。

这些矛盾深深隐匿在我们的文化中，正是神经症患者不惜一切代价想要协调的内心冲突：他的攻击倾向与妥协倾向之间产生的冲突，他大量的要求和担心毫无收获的恐惧心理之间产生的冲突，他的自我吹嘘、自我扩张与他个人的软弱感之间产生的冲突。神经症患者在这些方面与正常人的区别仅仅在于程度不同。正常人能够在保护自己人格的前提下应付这些困境；而神经症患者却会因为内心冲突太过强烈，导致根本没有任何完美的解决方式。

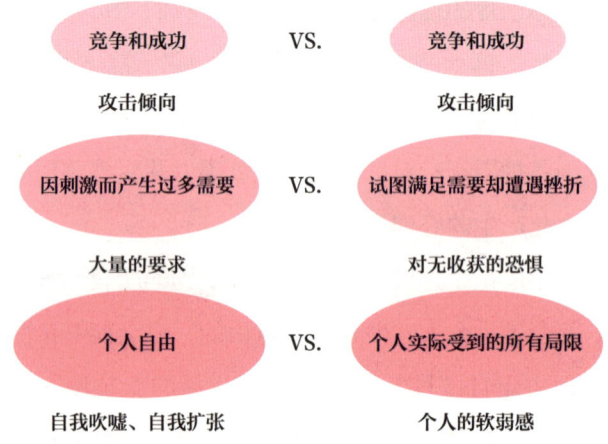

竞争和成功	VS.	竞争和成功
攻击倾向		攻击倾向
因刺激而产生过多需要	VS.	试图满足需要却遭遇挫折
大量的要求		对无收获的恐惧
个人自由	VS.	个人实际受到的所有局限
自我吹嘘、自我扩张		个人的软弱感

有些人很可能成为神经症患者，他们似乎以一种过于强烈的方式对产生于文化的这些困境进行了体验。他们常常以童年时代的经历作为媒介，或者无法解决这些困境，或者就算解决了这些困境，也必须付出人格上的惨重代价。从这个意义上来看，我们可以说神经症患者正是我们当今文化产生的附带结果。